高等教育机械基础课程系列教材

机械零部件测绘

刘建英　王新莉◎主编

中国铁道出版社有限公司
CHINA RAILWAY PUBLISHING HOUSE CO., LTD.

内 容 简 介

机械零部件测绘是在机械制图课程完成了基本知识学习和基本技能训练的基础上进行的一个全面的、综合性绘图能力训练。本书包括零部件测绘的目的、任务和要求、零件尺寸的测量方法、零件材料的选择与热处理、画测绘图的步骤和应注意事项、测绘一级齿轮减速器、典型机械产品测绘图解等内容。

本书适合作为应用型本科机械类、近机类各专业教材，也可供相关从业人员参考使用。

图书在版编目（CIP）数据

机械零部件测绘/刘建英，王新莉主编．—北京：中国铁道出版社有限公司，2022.2（2024.1重印）

高等教育机械基础课程系列教材

ISBN 978-7-113-28560-9

Ⅰ.①机… Ⅱ.①刘… ②王… Ⅲ.①机械元件-测绘-高等学校-教材 Ⅳ.①TH13

中国版本图书馆 CIP 数据核字（2021）第 235377 号

书　　名：机械零部件测绘
作　　者：刘建英　王新莉

策　　划：钱　鹏　　　　**编辑部电话：**（010）63551926
责任编辑：钱　鹏
封面设计：郑春鹏
责任校对：焦桂荣
责任印制：樊启鹏

出版发行：中国铁道出版社有限公司（100054，北京市西城区右安门西街 8 号）
网　　址：http://www.tdpress.com/51eds/
印　　刷：三河市国英印务有限公司
版　　次：2022 年 2 月第 1 版　2024 年 1 月第 2 次印刷
开　　本：787 mm×1 092 mm 1/16　**印张：**9　**字数：**213 千
书　　号：ISBN 978-7-113-28560-9
定　　价：35.00 元

前　言

“机械制图”课程是研究机械图样的绘制与识读规律的一门实践性很强的技术基础课，旨在培养学生具有基本的绘制和阅读机械图样的能力。因此，在教学过程中，除了系统地讲授基本知识、基本原理和方法外，还应使学生接受较全面的技能训练，进行零部件测绘，这是理论联系实际的一个重要实践教学环节。通过对真实机械设备的测绘，使学生能深刻地理解机械制图在机械设计和机械制造中的重要作用，对机械制图课程的基础知识、基本技能和国家标准等有关知识能够综合运用，并能较全面地巩固和提高。进行比较系统的测绘制图实践，其目的是使学生掌握零部件测绘的工作程序及技能，熟悉装配图及零件图表达方案的选择，正确合理地标注尺寸，合理编写零件图、装配图的技术要求，培养学生具有基本的绘制和阅读机械图样的能力。

“机械零部件测绘”是在“机械制图”课程完成了基本知识学习和基本技能训练的基础上进行的一个全面的、综合性绘图能力训练。测绘时，首先要画出零件草图，然后根据零件草图画出零件图和装配图，为设计机器、修配零件和准备配件创造条件。对于归纳总结“机械制图”课程的基本知识、丰富机械方面的感性知识、全面提高绘图能力起着十分重要的作用。同时可为“机械设计”课程设计和“毕业设计”绘图奠定坚实的绘图基础。

本书包括零部件测绘的目的、任务和要求、零件尺寸的测量方法、零件材料的选择与热处理、画测绘图的步骤和应注意事项、测绘一级齿轮减速器、典型机械产品测绘图解等内容。

本书由河南工程学院刘建英、王新莉主编并负责统稿和定稿，刘军、严海军担任副主编，河南工程学院机械工程学院机械基础教研室共同编写。本书在编写过程中，得到了河南坤宏新能源有限公司高级工程师张娜的协助，在此表示诚挚的谢意！

由于编者水平有限，书中难免存在疏漏及不足之处，欢迎广大读者批评指正。

编　者

2021 年 10 月

目　　录

第一章　零部件测绘的目的、任务和要求

零部件测绘就是依据实际零部件画出它的图形，测量出它的尺寸并制定出技术要求。测绘时，首先要画出零部件草图，然后根据零部件草图画出零件图和装配图，为设计机器、修配零件和准备配件创造条件。

第一节　测绘的目的

"机械制图"课程是研究机械图样的绘制与识读规律的一门实践性很强的技术基础课，旨在培养学生具有基本的绘制和阅读机械图样能力。因此，在教学过程中，除了系统地讲授基本知识、基本原理和方法外，还应使学生接受较全面的技能训练，进行零部件测绘，这是理论联系实际的一个重要实践教学环节。通过对真实机械设备的测绘，使学生能理论联系实际，深刻地理解工程制图在机械设计和机械制造中的重要作用，对机械制图课程的基础知识、基本技能和国家标准等有关知识能够综合运用，并能较全面地巩固和提高。进行比较系统的测绘制图实践，其目的是使学生理论联系实际，掌握零部件测绘的工作程序及技能，熟悉装配图及零件图表达方案的选择，正确合理地标注尺寸，合理编写零件图、装配图的技术要求，培养学生具有基本的绘制和阅读机械图样的能力。

具体来说，应达到以下目的：

(1)熟练掌握零部件测绘的基本方法和步骤；

(2)进一步提高零件图和装配图的表达方法和绘图的技能技巧；

(3)提高零件图绘制过程中尺寸标注、公差配合及形位公差标注的能力，了解有关机械结构方面的知识；

(4)正确使用参考资料、手册、标准及规范等；

(5)培养独立分析和解决实际问题的能力，为后继课程学习及今后工作打下基础；

(6)培养严谨细致、一丝不苟的工作作风，这也是一名工程师的基本素养。

第二节　测绘的基本要求

在测绘中要注意培养独立分析问题和解决问题的能力，且保质、保量、按时完成部件测绘任务。具体要求是：

(1)测绘前要认真阅读测绘指导书，明确测绘的目的、要求、内容及方法和步骤。

(2)认真复习与测绘有关的内容，如视图表达、尺寸测量方法、标准件和常用件、零件图与装配图等。

(3)做好准备工作，如测量工具、绘图工具、资料、手册、仪器用品等。

（4）对测绘对象应先对其作用、结构、性能进行分析，考虑好拆卸和装配的方法和步骤。

（5）测绘零件时，除弄清每一个零件的形状、结构、大小外，还要弄清零件间的相互关系，以便确定技术要求。

（6）在测绘过程中，应将所学知识进行综合分析和应用，认真绘图，保证图纸质量。做到视图表达正确、尺寸标注完整合理、要求整个图面应符合国家标准有关规定：

①画出来的图样应投影正确，视图表达得当；

②尺寸标注应做到正确、完整、清晰、合理；

③注写必要的技术要求，包括表面粗糙度、尺寸公差、形位公差以及文字说明；

④对于标准件、常用件以及与其有关的零件或部分尺寸及结构应查阅国家标准确定；

⑤图面清晰整洁。

（7）在测绘中要独立思考，有错必改，不能不求甚解、照抄照搬，培养严谨细致、一丝不苟的工作作风。

（8）参照本指导书安排好进度，按预定计划认真完成各阶段任务。所画图样经指导教师审查后方可呈交。

第三节　测绘内容和进度计划

1. 测绘内容

单级圆柱齿轮减速器零部件。

2. 进度计划（表 1-1）

表 1-1　单级圆柱齿轮减速器零部件测绘进度计划

序号	内　　容	时间/天
1	布置任务，分发绘图仪器，学习注意事项，拆卸部件	0.5
2	画全部零件草图（标准件除外）和装配示意图	1
3	箱体、箱盖（A3）任选一张，齿轮轴、大齿轮（A4）任选一张	1
4	减速器装配图 CAD 绘制（A2 一张）	2.0
5	总结、验收、上交	0.5
总　　计		5

如果时间、条件允许，可以将所有零、部件的测绘图及零件图画出。

第二章　零件尺寸的测量方法

第一节　测 量 工 具

在测绘图上，必须完备地记入所测绘零件的尺寸、所用材料、加工面的粗糙度、精度以及其他必要的数据。一般测绘图上的尺寸，都是用量具在零、部件的各个表面上测量出来。因此，我们必须熟悉量具的种类和用途。用于测量或检验的工具，称为计量器具，其中比较简单的称为量具；具有传动放大或细分机构的称为量仪。

一般的测绘工作使用的量具有：

简易量具：塞尺、钢直尺、卷尺和卡钳等，可用于测量精度要求不高的尺寸。

游标量具：游标卡尺、高度游标卡尺、深度游标卡尺、齿厚游标卡尺和公法线游标卡尺等，可用于测量精密度要求较高的尺寸。

千分量具：内径千分尺、外径千分尺和深度千分尺等，可用于测量高精度要求的尺寸。

平直度量具：水平仪，用于水平度测量。

角度量具：直角尺、角度尺和正弦尺等，用于角度测量。

圆角半径测量：圆角规，可测量圆角和圆弧半径。

螺纹螺距测量：螺纹规，用于测量螺纹螺距。

这里仅简单介绍钢直尺、卡钳、游标卡尺的使用方法。

图 2-1 为几种常用的测量工具。

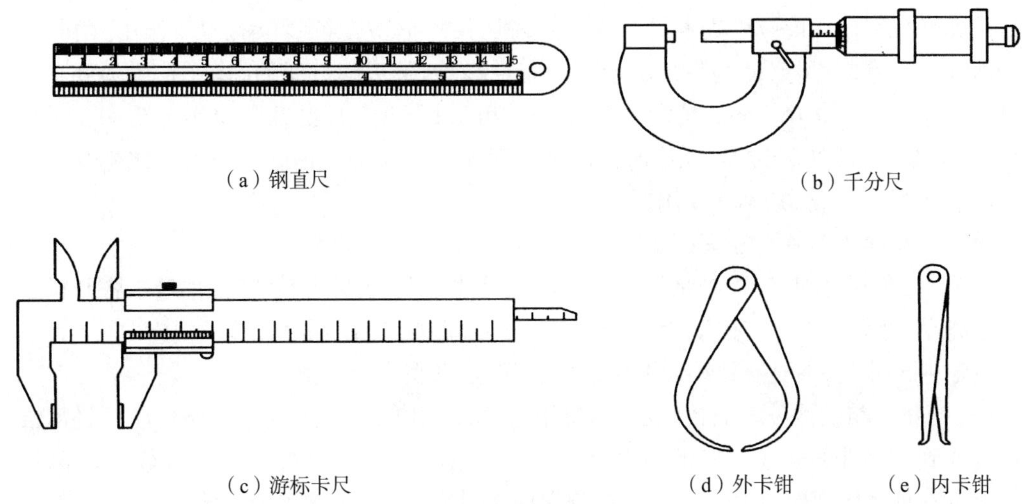

（a）钢直尺　（b）千分尺

（c）游标卡尺　（d）外卡钳　（e）内卡钳

图 2-1　常用测量工具

1. 钢直尺

使用钢直尺时，应以左端的零刻度线为测量基准，这样不仅便于找正测量基准，而且便于读数。测量时，钢直尺要放正，不得前后左右歪斜。否则，从钢直尺上读出的数据会比被测的实际尺寸大。钢直尺的长度有 150 mm，300 mm，500 mm 和 1 000 mm 四种规格。

用钢直尺测圆截面直径时，被测面应平坦，使尺的左端与被测面的边缘相切，摆动尺子找出最大尺寸，即为所测直径。

2. 内、外卡钳

凡不适于用游标卡尺测量的，用钢直尺、卷尺也无法测量的尺寸，均可用卡钳进行测量。

卡钳结构简单，使用方便。按用途不同，卡钳分为内卡钳和外卡钳两种：内卡钳用于测量内部尺寸，外卡钳用于测量外部尺寸。按结构不同，卡钳又分为紧轴式卡钳和弹簧式卡钳两种。

卡钳常与钢直尺、游标卡尺或千分尺联合使用。测量时操作卡钳的方法对测量结果影响很大。正确的操作方法是：用内卡钳时，用拇指和食指轻轻捏住卡钳的销轴两侧，将卡钳送入孔或槽内。用外卡钳时，右手的中指挑起卡钳，用拇指和食指撑住卡钳的销轴两边，使卡钳在自身的重量下两量爪滑过被测表面。卡钳与被测表面的接触情况，可凭手的感觉判断。手有轻微感觉即可，不宜过松，也不要用力使劲卡紧卡钳。

使用大卡钳时，要用两只手操作，右手握住卡钳的销轴，左手扶住一只量爪进行测量。

测量轴类零件的外径时，须使卡钳的两只量爪垂直于轴心线，即在被测件的径向平面内测量。测量孔径时，应使一只量爪与孔壁的一边接触，另一量爪在径向平面内左右摆动找最大值。

校好尺寸后的卡钳轻拿轻放，防止尺寸变化。把量得的卡钳放在钢直尺、游标卡尺或千分尺上量取尺寸。对测量精度要求高的尺寸使用千分尺，对精度要求一般的尺寸用游标卡尺，测量毛坯等尺寸时用钢直尺校对卡钳即可。

3. 游标卡尺

游标卡尺在使用前应检查卡尺外观，轻轻推、拉尺框检查各部位的相互作用、两测量面的光洁程度。移动游标，使两量爪测量面闭合，观察两量爪测量面的间隙（精度为 0.02 mm 卡尺的间隙应小于 0.006 mm；精度为 0.05 mm 和 0.1 mm 卡尺的间隙应小于 0.01 mm），然后校对“0”位。校对“0”位时，无论游标尺是否紧固，“0”位都应正确。当紧固或松开游标尺时，“0”位若发生变化，则不能使用。

游标卡尺的正确使用方法：

（1）测量外尺寸时，应先把量爪张开比被测尺寸稍大；测量内尺寸时，把量爪张开得比被测尺寸略小，然后慢慢推或拉动游标，使量爪轻轻接触被测件表面（图 2-2）。

测量内尺寸时，不要使劲转动卡尺，可以轻轻摆动找出最大值。

（2）当量爪与被测件表面接触后，不要用力太大；用力的大小，应该正好使两个量爪恰恰能够接触到被测件的表面。如果用力过大，尺框量爪会倾斜，这样容易引起较大的测量误差。所以在使用卡尺时，用力要适当，被测件应尽量靠近量爪测量面的根部。

（3）使用卡尺测量深度时，卡尺要垂直，不要前后左右倾斜。

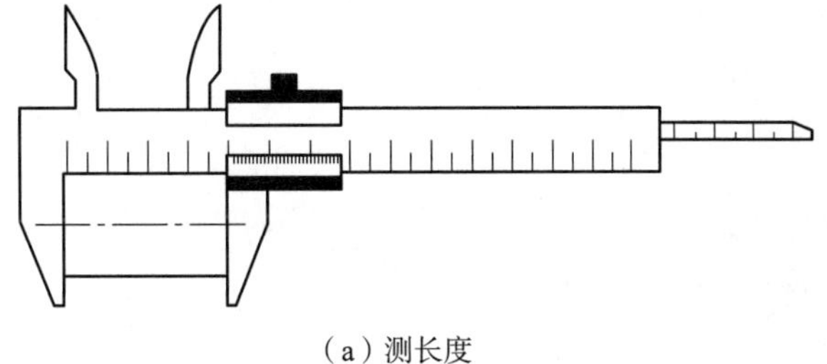

（a）测长度

（b）测外径

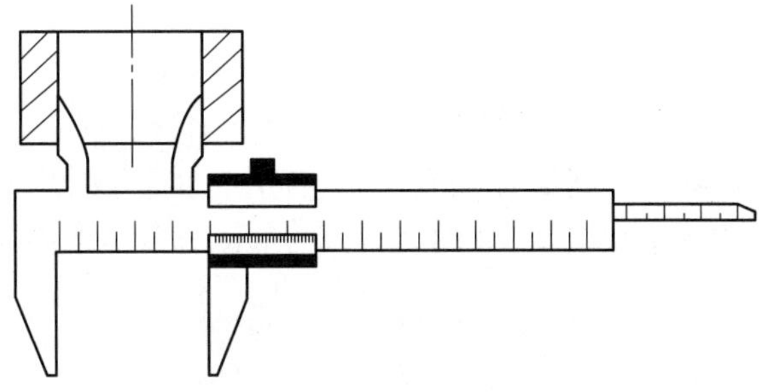

（c）测内径

图 2-2　游标卡尺测量的方法

第二节　常用的测量方法

1. 测量线性尺寸

一般可用直尺或游标卡尺直接量得尺寸的大小，如图 2-3 所示。

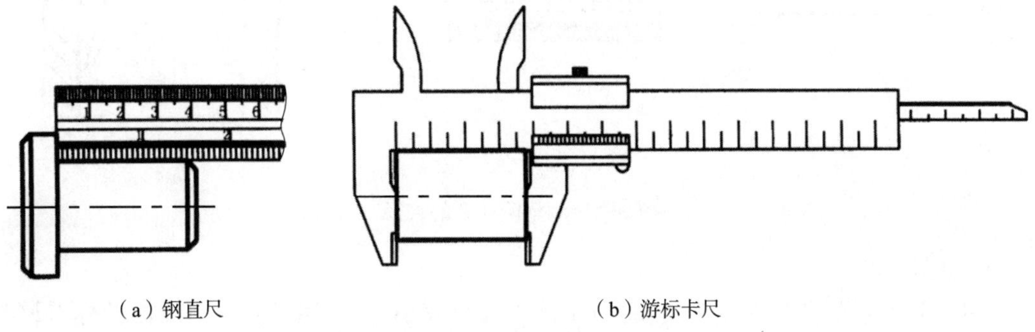

（a）钢直尺　　（b）游标卡尺

图 2-3　测量线性尺寸

2. 测量直径尺寸

一般可用游标卡尺或千分尺,如图 2-4 所示。

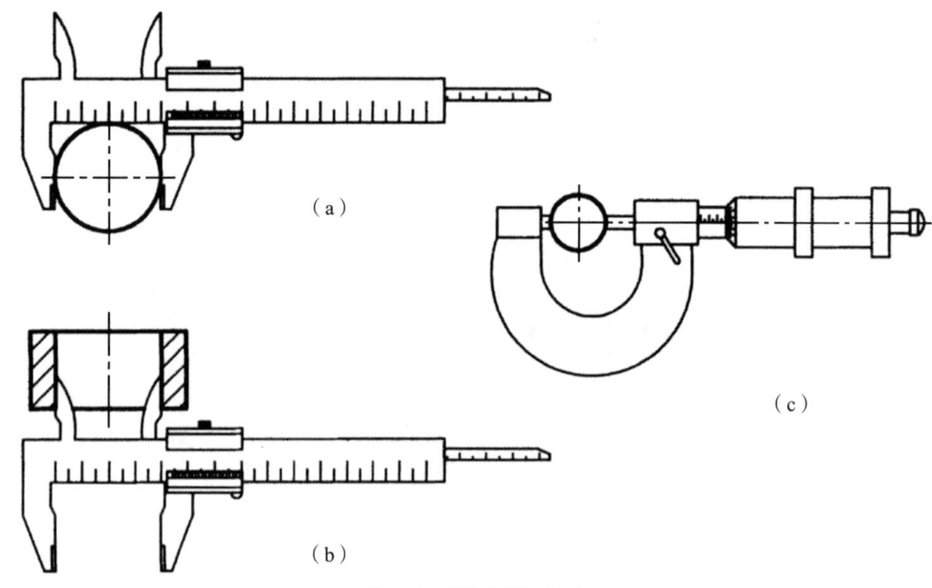

图 2-4　测量直径尺寸

在测量阶梯孔的直径时,会遇到外面孔小,里面孔大的情况,用游标卡尺就无法测量大孔的直径。这时,可用内卡钳测量,如图 2-5(a)所示,也可用特殊量具(内外同值卡),如图 2-5(b)所示。

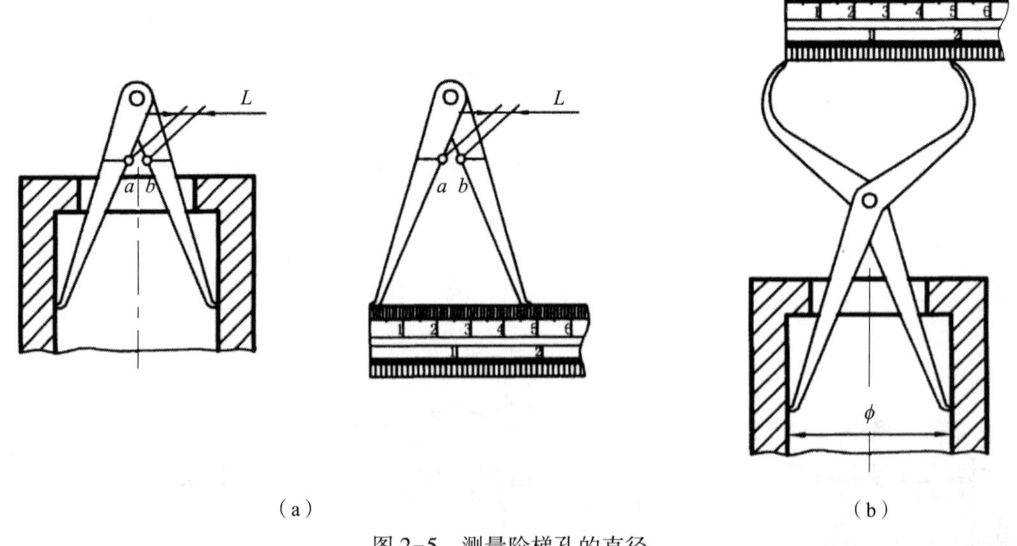

图 2-5　测量阶梯孔的直径

3. 测量壁厚

一般可用直尺测量,如图 2-6(a)所示。当孔径较小时,可用带测量深度的游标卡尺测量,如图 2-6(b)所示。有时也会遇到用直尺或游标卡尺都无法测量的壁厚。这时则需用卡钳来测量,如图 2-6(c)(d)所示。

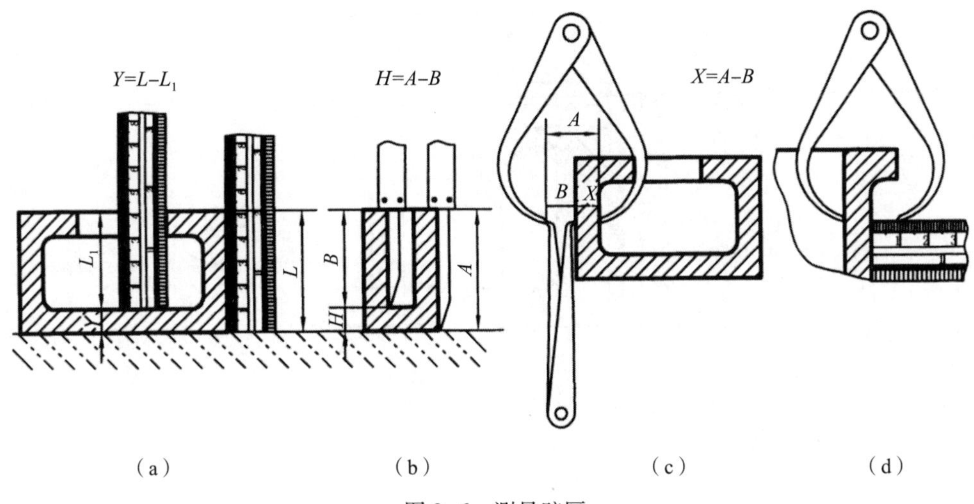

图 2-6　测量壁厚

4. 测量孔间距

可用游标卡尺、卡钳或直尺测量,如图 2-7 所示。

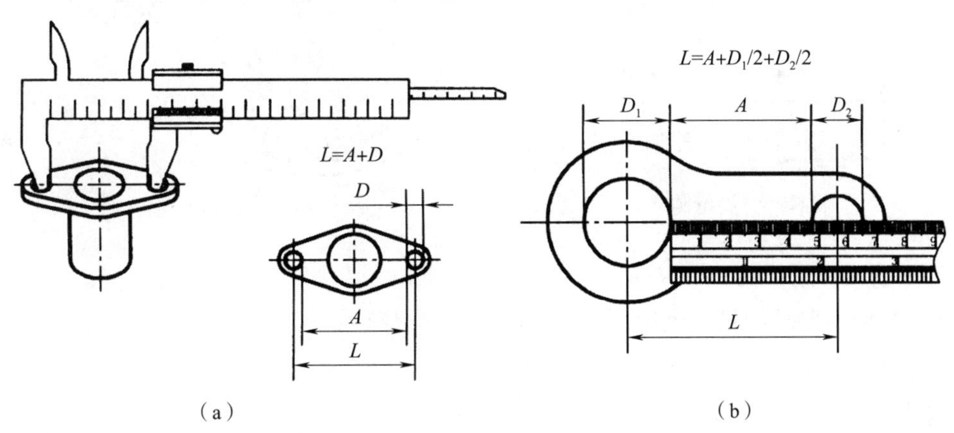

图 2-7　测量孔间距

5. 测量中心高

一般可用直尺、卡钳或游标卡尺测量,如图 2-8 所示。

6. 测量圆角

圆角一般用圆角规测量。每套圆角规有很多片,一半测量外圆角,一半测量内圆角,每片刻有圆角半径的大小。测量时,只要在圆角规中找到与被测部分完全吻合的一片,从该片上的数值可知圆角半径的大小,如图 2-9 所示。

7. 测量角度

可用量角规测量,如图 2-10 所示。

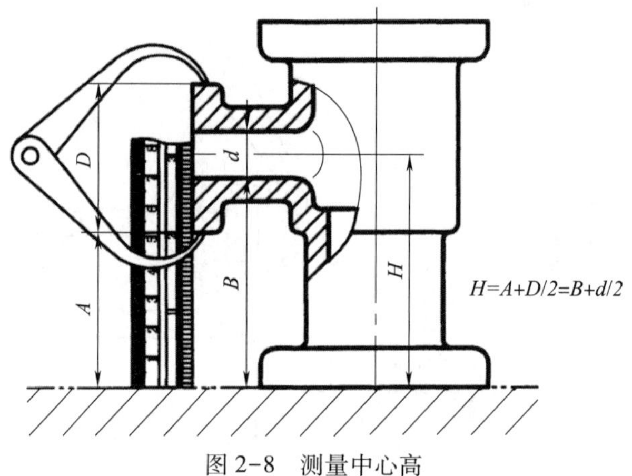

图 2-8　测量中心高

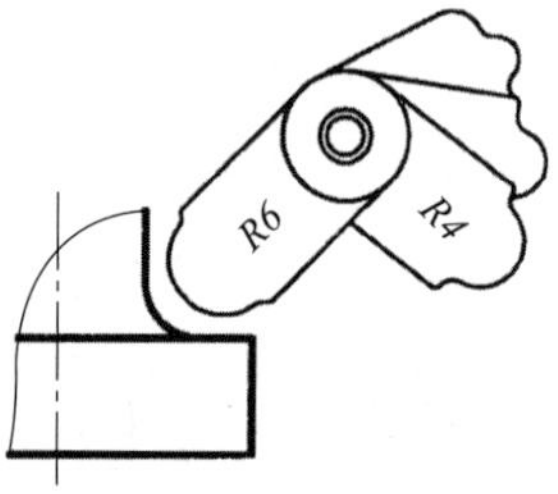

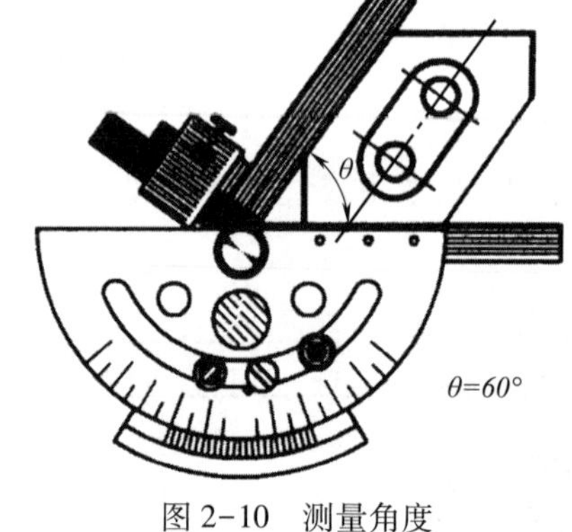

图 2-9　测量圆角

图 2-10　测量角度

8. 测量曲线或曲面

曲线和曲面要求测量精度很高时,必须用专门量仪进行测量。要求不太准确时,常采用下面三种方法测量:

①拓印法。

对于柱面部分的曲率半径的测量,可用纸拓印其轮廓,得到如实的平面曲线,然后判定该曲线的圆弧连接情况,测量其半径,如图 2-11(a)所示。

②铅丝法。

对于曲线回转面零件的母线曲率半径的测量,可用铅丝弯成实形后,得到如实的平面曲线,然后判定曲线的圆弧连接情况,再用中垂线法求得各段圆弧的中心,测量其半径,如图 2-11(b)所示。

③坐标法。

一般的曲面可用直尺和三角板定出曲面上各点的坐标,在图上画出曲线,或求出曲率半径,如图 2-11(c)所示。

9. 测量螺纹螺距

螺纹的螺距可用螺纹规或直尺测得,如图 2-12 所示螺距 $P=1.5$ mm。

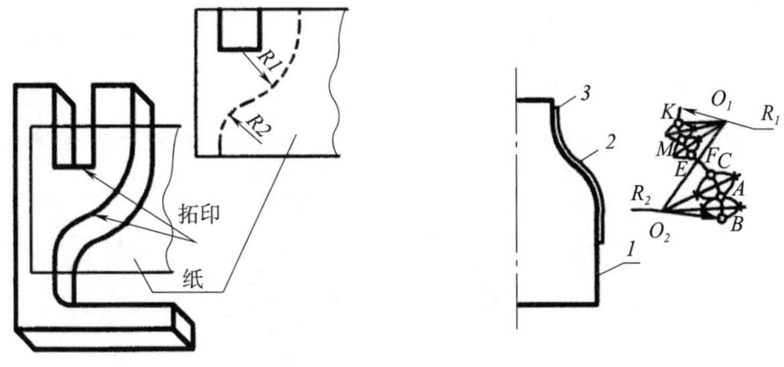

（a）　　　　　　　　　　　　　　　　（b）

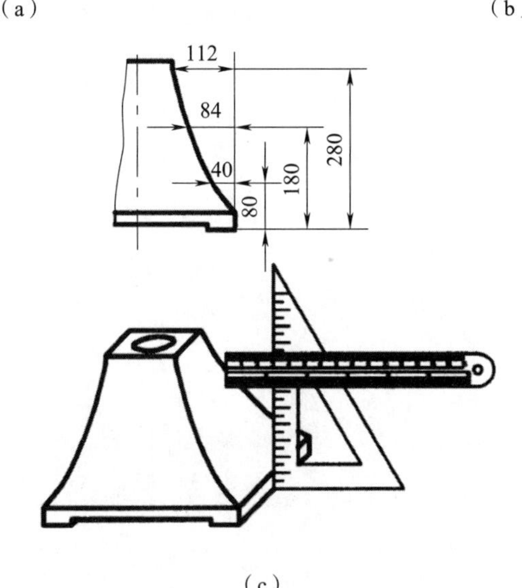

（c）

图 2-11　测量曲线和曲面

2
1.75
1.5
1
2
6
（L）

图 2-12　测量螺距

10. 测量齿轮

对标准齿轮，其轮齿的模数可以先用游标卡尺测得 d_a，再计算得到模数 $m = d_a/(z+2)$，奇数齿的顶圆直径 $d_a = 2e+d$，如图 2-13 所示。

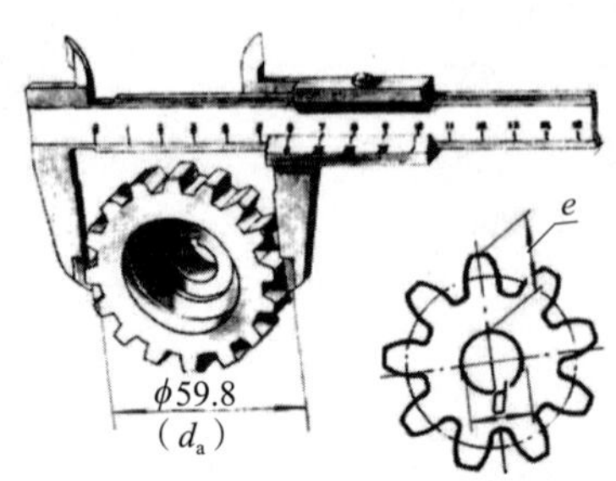

图 2-13 测量标准齿轮

第三章　零件材料的选择与热处理

零件材料的选择和热处理方法选择也是测绘的重要内容。零件的材料和热处理的方法对制造成本和机器的工作性能、使用寿命有很大影响，在选择材料和热处理方法方面，已经形成了一整套行之有效的方法，可在零部件测绘中参考。

第一节　机械零件常用材料概述

机械零件的常用材料很多，既有金属材料，又有非金属材料。不同的材料有不同的性能和使用条件。正确选择材料，必须掌握常用材料的基本知识。

一、铸铁

铸铁是含碳量大于 2% 的铁碳合金。铸铁是一种脆性材料，不能进行轧制和锻压，但具有良好的液态流动性，可铸出形状复杂的铸件。另外，因其具有良好的减振性、可加工性和耐磨性，而且价格低廉，所以广泛应用于机械设备的制造。常用的铸铁包括灰铸铁（GB/T 9439—2010）、球墨铸铁（GB/T 1348—2009）和可锻铸铁（GB/T 9440—2010）三种，其名称、牌号及应用举例见表 3-1。

表 3-1　铸铁

名　　称	牌　　号	应用举例(参考)	说　　明
灰铸铁	HT100 HT150	用于低强度铸件，如底座、刀架、轴承座、胶带轮、端盖等	HT 为“灰铁”的汉语拼音的首位字母，后面的数字表示抗拉强度（MPa），如 HT200 表示抗拉强度为 200 N/mm^2 的灰铸铁
	HT200 HT250	用于高强度铸件，如机床立柱、刀架、齿轮箱体、床身、油缸、泵体、阀体等	
	HT300 HT350	用于高强度耐磨铸件，如齿轮、凸轮、重载荷床身、高压泵、阀壳体、锻模、冷冲压模等	
球墨铸铁	QT800-2 QT700-2 QT600-2 QT420-10 QT400-17	用于曲轴、凸轮轴、齿轮、气缸、缸套、轧辊、水泵轴、活塞环、摩擦片等具有较高的塑性和适当的强度及承受冲击载荷的零件	QT 表示球墨铸铁，其后第一组数字表示抗拉强度（MPa），第二组数字表示延伸率（%）

续表

名　称	牌　号	应用举例(参考)	说　明
可锻铸铁	KTH300-06 KTH330-08 KTH350-10 KTH370-12	黑心可锻铸铁,用于承受冲击振动的零件,如汽车、拖拉机、农机铸件等	KT 表示可锻铸铁,H 表示黑心,B 表示白心,第一组数字表示抗拉强度(MPa),第二组数字表示延伸率(%)
	KTB350-04 KTB380-12 KTB400-05 KTB450-07	白心可锻铸铁,韧性较低,但强度高,耐磨性、加工性好,可代替低、中碳钢及合金钢的重要零件,如曲轴、连杆、机床附件等	

二、碳钢与合金钢

钢是含碳量小于2%的铁碳合金。钢具有强度高、塑性好,可以锻造的优点,而且可以通过不同的热处理和化学处理来改善它的机械性能。钢的种类很多,可按不同的分类标准进行分类。按含碳量,可分为低碳钢、中碳钢和高碳钢;按其化学成分,可分为碳素钢和合金钢;按钢的质量,可分为普通钢和优质钢;按用途,可分为结构钢、工具钢和特殊钢等不同的类型。制造机械零件使用最多的有普通碳素结构钢(GB/T 3077—1999)、优质碳素结构钢(GB/T 699—1999)、合金结构钢(GB/T 3077—199)和铸造碳钢(GB/T 1135—2009),其名称、牌号及应用举例见表3-2。

表3-2　钢的名称、牌号及应用举例

分类名称	牌　号	应用举例	说　明
碳素结构钢	Q215 A级 B级	金属结构件、拉杆、套圈、铆钉、螺栓、短轴、心轴、凸轮、垫圈、渗碳零件及焊接件等	Q为碳素结构钢屈服点“屈”字的汉语拼音首位字母,后面数字表示屈服点数值。如Q235表示碳素结构钢屈服点为235 MPa。屈服点是表征材料受力后改变与未改变原有力学性能的临界点
	Q235 A级 B级 C级 D级	金属结构件,心部强度要求不高的渗碳或氰化零件,吊钩、拉杆、套圈、气缸、齿轮、螺栓、螺母、连杆轮轴、楔、盖及焊接件	
	Q275	轴、轴销、制动杆、螺栓、螺母、连杆、齿轮以及其他强度较高的零件	

续表

<table>
<tr><th colspan="2">分类名称</th><th>牌　　号</th><th>应用举例</th><th>说　　明</th></tr>
<tr><td colspan="2" rowspan="2">优质碳素结构钢</td><td>08F
10
15
20
25
30
35
40
45
50
55
60</td><td>可塑性好的零件，如管件、垫片、渗碳件、氰化件拉杆、卡头、焊件渗碳件、紧固件、冲模锻件、化工储器杠杆、轴套、钩、螺钉、氰化件轴、辊子、连接器、紧固件中的螺栓、螺母、曲轴、转轴轴销、连杆、横梁、星轮曲轴、摇杆、拉杆、键、销齿轮、齿条、链轮、凸轮、轧辊、曲柄轴齿轮、轴联轴器、衬套、活塞销、链轮活塞杆、轮轴、偏心轮轮圈、轮缘叶片、弹簧等</td><td>牌号中的两位数字表示平均含碳量。45 钢即表示平均含碳量为 45%；平均含碳量≤0.25% 的碳钢属低碳钢（渗碳钢）；平均含碳量在 0.25%～0.6% 的碳钢属中碳钢（调质钢）；碳的质量分数为≥0.6% 的碳钢属高碳钢；在牌号后加符号“F”表示沸腾钢</td></tr>
<tr><td>30Mn
40Mn
50Mn
60Mn</td><td>螺栓、杠杆、制动板；用于承受疲劳载荷的零件，如轴、曲轴、万向联轴器；用于高载荷下耐磨的热处理零件，如齿轮、凸轮弹簧、发条等</td><td>锰的质量分数较高的钢，须加注化学元素符号 Mn</td></tr>
<tr><td rowspan="2">合金
结构钢</td><td>铬钢</td><td>15CR
20Cr
30Cr
40Cr
45Cr</td><td>渗碳齿轮、凸轮、活塞销、离合器；较重要的渗碳件；重要的调质零件，如轮轴、齿轮、摇杆、螺栓；较重要的调质零件，如齿轮、进气阀、辊子、轴；提高了钢的力学性能和耐磨度及耐磨性高的轴、齿轮、螺栓等</td><td rowspan="2">钢中加入一定量的合金元素，提高了钢的力学性能和耐磨性，也提高了钢在热处理时的淬透性，保证金属能在较大截面上获得良好的力学性能</td></tr>
<tr><td>铬锰
钛钢</td><td>18CrMnTi
30CrMnTi
40CrMnTi</td><td>汽车上重要渗碳件，如齿轮，汽车、拖拉机上强度特高的渗碳齿轮，强度高、耐磨性高的大齿轮、主轴等</td></tr>
<tr><td colspan="2">铸造碳钢</td><td>ZG230-450
ZG310-570</td><td>铸造普通的零件，如机座、机盖、箱体、工作温度在 450 ℃以下的管路附件等，各种形状的机件，齿轮、齿圈、重载荷机架等</td><td>ZG230-450 表示工程用铸钢，屈服点为 230 MPa，抗拉强度 450 MPa</td></tr>
</table>

三、有色金属合金

通常把钢和铁称为黑色金属，而将其他金属统称为有色金属。纯有色金属应用较少，一般使用有色金属合金。常用的有色金属合金包括铜合金、铝合金等。有色金属的价格比黑色金属高，因此，仅用于要求减少摩擦、耐磨、抗腐蚀等特殊情况。机械设备中常用的有色金属合金有铸造铜合金（GB/T 1176—1987）、铸造铝合金（GB/T 1173—1995）、硬铝和工业纯铝（GB/T 3190—2008）。常用有色金属的名称、牌号及应用举例见表 3-3。

表 3-3　有色金属及其合金的名称、牌号及应用举例

名　　称	牌　　号	特点及主要用途	说　　明
5-5-5 锡青铜	ZCuSn5Pb5Zn5	耐磨性和耐蚀性均好，易加工，铸造性和气密性较好。用于较高载荷、中等滑动速度下工作的耐磨、耐腐蚀零件，如轴瓦、衬套、缸套、活塞、离合器、蜗轮等	Z 为铸造汉语拼音的首位字母，各化学元素后面的数字表示该元素含量的百分数，如 $ZCuAl_{10}Fe3$ 表示含 $W_{Al}=8.1\%\sim11\%$，$W_{Fe}=2\%\sim4\%$，其余为 Cu 的铸造铝青铜
10-3 铝青铜	ZCuAl10Fe3	力学性能好，耐磨性、耐蚀性、抗氧化性好，可以焊接，不易钎焊。用于强度高、耐磨、耐蚀的零件，如蜗轮、轴承、衬套、管嘴、耐热管配件等	
25-6-3-3 铝黄铜	ZCuZn25Al6Fe3Mn3	有很高的力学性能，铸造性、耐蚀性较好，可以焊接。用于高强耐磨零件，如桥梁支承板、螺母、螺杆、耐磨板、滑块、蜗轮等	
38-2-2 锰黄铜	ZCuZn38Mn2Pb2	有较高的力学性能和耐蚀性，耐磨性较好，切削性良好。用于一般用途的构件及船舶仪表等使用的外形简单的铸件，如套筒、衬套、轴瓦、滑块等	
铸造铝合金	ZAlSi12 代号 ZL102	用于制造形状复杂、载荷小、耐腐蚀的薄壁零件和工作温度≤200 ℃的高气密性零件	$W_{Si}=10\%\sim13\%$ 的铝硅合金
硬铝	2Al2（原 LY12）	焊接性能好，用于高载荷的零件及构件（不包括冲压件和锻件）	2Al2 表示 $W_{Cu}=3.8\%\sim4.9\%$，$W_{Mg}=1.2\%\sim1.8\%$，$W_{Mn}=0.3\%\sim0.9\%$ 的硬铝
工业纯铝	1060（代 L2）	塑性、耐腐蚀性高，焊接性好，强度低。适于制作储槽、热交换器、防污染及深冷设备等	1060 表示含杂质不大于 0.4% 的工业纯铝

四、非金属材料

常用的非金属材料有橡胶和工程塑料两大类。橡胶有耐油石棉橡胶板、耐酸碱橡胶板、耐油橡胶板、耐热橡胶板等，其性能及应用见表 3-4。工程塑料有硬聚氯乙烯、低压氯乙烯、改性有机玻璃、聚丙烯、ABS、聚四氟乙烯等，其性能及应用见表 3-5。

表 3-4　橡胶性能及应用

名　　称	牌　　号	主要用途	说　　明
耐油石棉橡胶板	NY250 HNY300	航空发动机用煤油、润滑油及冷气系统结合处的密封衬垫材料	有厚度 0.4~3.0 mm 10 种规格
耐酸碱橡胶板	2707 2807 2709	具有耐酸碱性能，在温度 -30~60 ℃的 20% 浓度的酸碱液体中工作，用作冲制密封性能较好的垫圈	较高硬度 中等硬度

续表

名　称	牌　号	主要用途	说　明
耐油橡胶板	3707 3807 3709 3809	可在一定温度的全损耗系统用油、变压器油、汽油等介质中工作，适用于冲制各种形状的垫圈	较高硬度
耐热橡胶板	4708 4808 4710	可在-30～100 ℃且压力不大的条件下，在热空气、蒸汽介质中工作，用于冲制各种垫圈及隔热垫板	较高硬度 中等硬度

表 3-5　工程塑料性能及应用

名　称	主要用途
硬聚氯乙烯	可代替金属材料制成耐腐蚀设备与零件，可做灯座、插头、开关等
低压氯乙烯	可做一般结构件和减摩自润滑零件，并可做耐腐蚀零件和电器绝缘材料
改性有机玻璃	用作要求有一定强度的透明结构零件，如汽车用各种灯罩、电器零件等
聚丙烯	最轻的塑料之一，用作一般结构件、耐腐蚀零件和电工零件
ABS	用作一般结构或耐磨受力传动零件，如齿轮、轴承等
聚四氟乙烯	有极好的化学稳定性和润滑性，耐热，可做耐腐蚀化工设备与零件、减摩自润滑零件和电绝缘零件

第二节　影响机械零件材料选择的因素

影响机械零件材料选择的因素有很多方面，概括起来可分为零件的使用要求、工艺要求和经济性要求三大类。

一、根据使用要求选择材料

满足使用要求是设计机器零件时选择制造材料的一项最基本的原则。零件的使用要求一般包括零件的受载情况和工作环境、零件的尺寸与重量的限制、零件的重要性程度等。其中受载情况是核心要求。

通俗地说，受载情况就是指零件的受力大小和作用力的方向、分布作用点等特征；工作环境是指零件工作时的温度、周围介质、产生摩擦的性质等；零件的重要性程度是指零件失效对人身、机械和环境的影响程度。在工程实践上，按照上述三项要求选择材料时，一般使用以下方法快速确定制造材料：

（1）当零件的尺寸受强度制约，而且尺寸和重量又受到限制时，应选用强度较高的材料；对仅承受不变应力的零件，常选用不易变形的材料；对受力变化的零件，选用耐受力较高的材料；对受冲击力作用的零件，应选用韧性好的材料。

（2）如果零件尺寸取决于刚度，而且尺寸和重量又受到限制时，应选用弹性较好的材料。

(3)当零件尺寸取决于接触强度时,应选用可进行表面强化处理的材料。

(4)对于易磨损的零件,常选用耐磨性较好的材料。

(5)对在滑动摩擦下工作的零件,应选用减摩性好的材料。

(6)对在高温下工作的零件,常选用耐热材料。

(7)对在腐蚀性介质中工作的零件,应选用耐腐蚀材料。

上述这些方法是在工程实践中总结出来的经验,符合材料选用的原则,因此得到了广泛的应用。在测绘过程中,认真了解每一个零件在机器中的作用,了解零件的受力情况,就可以从上面这些基本选择方法中估计出零件所用的材料。

二、根据工艺要求选择材料

在选择材料时还会考虑到零件的复杂程度、材料加工的可能性、生产的批量大小等因素。

(1)制造机器零件的材料多数情况下是金属毛坯。在选择毛坯时可根据生产批量的大小来选择不同的毛坯:对于大批量生产的大型零件多用铸造毛坯,小批量生产的大型零件多用焊接毛坯,而对中小型零件常常选择锻造毛坯,对于形状复杂、加工程序多的零件则采用铸造毛坯的居多。

(2)如果一个零件需要进行机械加工,会选择具有良好切削性能的材料,良好的切削性能包括易断屑、加工表面光滑、刀具磨损小等。

(3)对于需要热处理的零件,常选择具有良好的热处理性能和易加工的材料。

三、根据经济性要求选择材料

在机械零件的制造成本中,材料费用占30%~50%,选用价格合适的材料对降低机器设备的成本有重大意义。因此,在选择制造材料时,也应从经济性上来考虑。

从经济性上考虑零件的材料选择,主要有两个方面:原材料的价格和零件的制造费用。

由上述讨论可知,在选择材料时会考虑很多因素,而这些因素已经构成了设计者的选择习惯,了解这些习惯对测绘中确定被测绘零件材料有重要的参考价值。

第三节　被测绘零件材料的确认

在零部件测绘中,零件材料的确认往往比较困难。尽管已经了解了选用材料的一些习惯,但具体到被测绘零件究竟是哪种材料,却不是轻而易举的事情。在对被测绘零件材料进行确认的时候,通常采用经验法和科学实验法两种方法。

经验法是根据生活经验和工程经验来确认材料,如对金属材料的确认,根据生活经验就能较容易地分辨出零件材料是钢、铜还是铝,也可以分辨出纸、塑料、石棉等。如果具备更多工程经验,还可以分辨出钢和铸铁、纯铝、合金铝等。

科学实验法是利用仪器或实验手段鉴别材料的一类方法。与经验法相比较,科学实验法具有科学性、精确性的特点。

一、经验法确认材料

通过观察零件的用途、颜色、声音、加工方法、表面状态等，再与类似机器上的零件材料进行比对，或者查阅有关图纸、材料手册等，就能大致确定出被测绘零件所用的材料。

(1)从颜色上来区分有色金属和黑色金属。例如，钢铁呈黑色，青铜颜色青紫，黄铜颜色黄亮；铜合金一般为红黄色，铝合金及铝镁合金则呈银白色等。

(2)从声音上可区分铸铁与钢。当轻轻敲击零件时，声音清脆有余音者为钢，声音闷实者为铸铁。

(3)从零件未加工表面上区分铸铁与钢。钢的未加工表面比较光滑，铸铁的未加工表面相对粗糙。

(4)从加工表面区分脆性材料(铸铁)和塑性材料。脆性材料的加工表面刀痕清晰，有脆性断裂痕迹；塑性材料刀痕不清晰，无脆性断裂痕迹。

(5)从有无涂镀确定材料的耐腐蚀性。耐腐蚀性材料往往是无须涂镀的。

(6)从零件的使用功能并参考有关资料来确定零件的材料。

用经验法确定零件材料的方法比较简单，但不精确，只能从宏观上确认材料的大体类别。这种方法对个人经验的依赖很大，经验越丰富，确认的准确度越高。在没有其他手段可采用时，也不失为一种可行的方法。在有其他方法时也可缩小检验范围，或作为其他方法的辅助手段。

二、科学实验法确认材料

科学实验法是用实验手段科学精确地鉴别材料的方法，科学实验法包括很多具体的方法，如火花鉴别法、化学分析法、光谱分析法、金相组织观察法、表面硬度测定法等。科学实验法的操作比较复杂，需要专业的理论和操作知识作为指导，在测绘实训中，通常不需要用这种方法来精确确认具体的材料，因此，这里仅做一般性的常识介绍。

1. 火花鉴别法

因为钢的种类繁多，它们的外观又无明显区别，人们用肉眼直接观察是分辨不清的，如果利用火花鉴别法便可以鉴别出钢的种类和相近似的钢号。

(1)火花鉴别法的名词术语。

①火束。金属材料在砂轮上磨削产生的全部火花称为火束，由花根、花间、花尾组成，如图 3-1 所示。

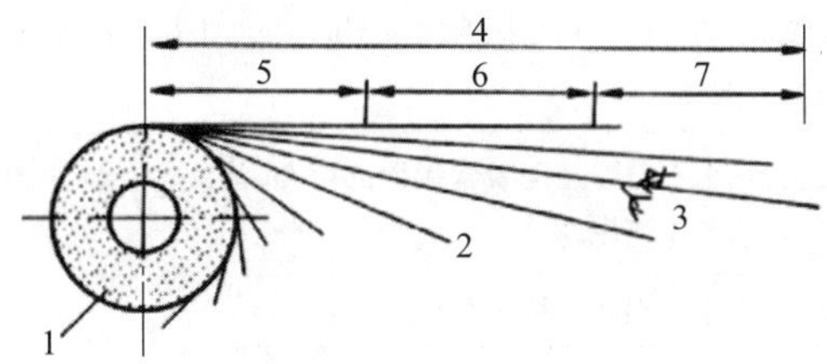

图 3-1　火束

1—砂轮；2—流线；3—爆花；4—火束；5—花根；6—花间；7—花尾

②流线。火束中线条状的光亮称为流线。因钢的化学成分不同,流线分为直流线、断续流线和波浪流线三种,如图 3-2 所示。

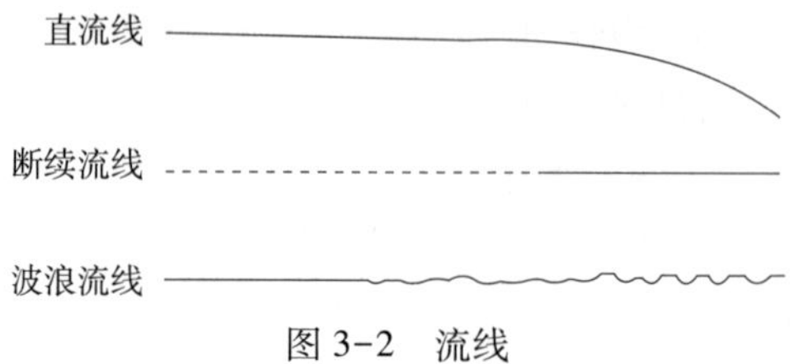

图 3-2 流线

③爆花。在流线上,以节点为核心发生的爆裂火花称为爆花。爆花分一次爆花和多次爆花,如图 3-3 所示。产生一次爆花钢含碳量在 0.2% 以下;产生二次爆花钢含碳量在 0.3% 以下:产生三次爆花钢含碳量在 0.45% 以上;多次爆花则是在三次爆花的流线上继续有一次或多次爆裂。

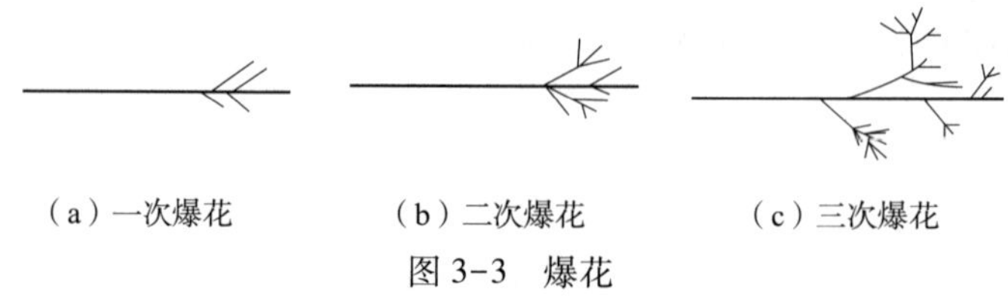

(a)一次爆花　(b)二次爆花　(c)三次爆花

图 3-3 爆花

(2)钢中含碳量及合金元素对火花的影响。

①碳对火花的影响。随着钢中含碳量的增加,火束变短、流线变细、流线数量增多,由一次爆花转向多次爆花。

②合金元素对火花的影响。合金元素对火花的影响比较复杂,有的合金元素会助长火花发生,有的合金元素反而会抑制火花发生,其原因在于合金元素氧化反应速度的快慢。氧化速度快,会使流线、爆花增加;反之则减少。一些主要合金元素对火花的影响见表 3-6。

表 3-6 主要合金元素对火花的影响

元　素	对火花的影响
Cr	在一定范围内铬含量越多,产生的爆花也越多,爆花呈菊花形,火束亮而短,分叉多而细,花粉多
Mn	助长火花爆裂较铬元素明显。钢中含锰量为 1% ~ 2%,火束形状与碳钢相仿,爆花心部有大而亮的节点,流线细而长。若含锰量大于 2%,特征更明显,火束根部有时产生大爆花和小火团
V	助长火花爆裂,火束呈黄亮色,使流线、(芒线)变细
Ni	抑制火花爆裂,影响较弱。钢中因含镍量不同,会产生粗画爆花和鼓肚爆花,发亮点强烈闪目,根部火花引起波浪流线
W	抑制火花发生,几乎不爆裂。随着含钨量的增高,流线的色泽由橙黄色变暗红色,流线细化首端出现断续流线,末端产生弧尾花
Mo	抑制火花爆裂,流线尾端产生枪尖状橙色尾花
Si	抑制火花爆裂,流线变短变粗,呈黄亮红色,有白亮圆珠状闪光点。含硅量为 3% ~ 5% 时,流线尾端有短小的钩状尾花

2. 化学分析法

化学分析法是对零件进行取样和切片,并用化学分析的手段,对零件材料的组成、含量进行鉴别的方法。化学分析法是一种最可靠的材料鉴定方法,具有极高的可信度。光谱分析法主要用来对材料中各组成元素进行定性的分析,而不能对其进行准确的定量鉴定。

3. 硬度鉴定法

硬度是材料的主要机械性能之一,一般在测绘中若能直接测得硬度值,就可大致估计零件的材料。如黑色金属的硬度一般都较高,有色金属的硬度相对较低。对有些不重要的零件,还可采用简便的锉刀试验法来测定。这种方法是用经过标定不同硬度值的几把锉刀分别锉削零件的表面,以确定零件的硬度。

硬度测定一般在硬度机上进行。用硬度机来确定零件表面硬度常用的方法有四种:布氏硬度法、洛氏硬度法、维氏硬度法和肖氏硬度法。

(1)布氏硬度法。布氏硬度法是将一个直径 $D=\phi10$ mm 的淬火钢球用 3 000 kg 的外力压入被测金属表面,经过规定的时间后去除外力,测量出被测件的压痕直径 d,用外力的大小除以被测件上出现的压痕面积即为该零件的硬度,符号用 HBW 表示,其计算式为:

$$\mathrm{HBW}=0.102\times\frac{2F}{\pi D(D-\sqrt{D^2-d^2})}$$

式中 D,d 的含义如图 3-4 所示。

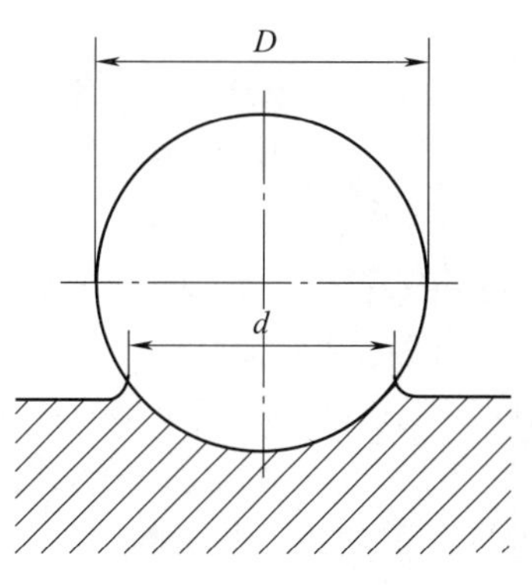

图 3-4　压痕直径

用布氏硬度法进行测量所得到的数据比较稳定,测量误差小,多用于对原材料表面硬度的测定,但不适用于加工件和太薄的零件。因硬度测量仪体积较大,只能在固定的实验室中进行。

(2)洛氏硬度法。洛氏硬度法是将 120°金刚石角锥置于被测材料之上,再施加 150 kg 的外力,以压痕的深度确定材料硬度的一种方法。压痕越深,被测表面硬度越低;压痕越浅,被测表面硬度越高。硬度符号用 HR 表示,分为 A、B、C 三种。三种硬度适用范围为 HRB<25,25<HRC<67,HRA>67。HRB 适用于未经淬火钢,HRC 适用于淬火钢,HRA 适用于淬火的高硬度钢。

(3)维氏硬度法。维氏硬度法与布氏硬度法原理相同,区别在于维氏硬度法的压头是

135°的四棱角锥。维氏硬度符号用 HV 表示。

(4)肖氏硬度法。肖氏硬度法是用镶有金刚石圆柱体的标准冲头,从一定的高度自由落于被测件表面上,以冲头跳回的高度来衡量被测件的表面硬度。冲头跳回越高,被测件的表面硬度就越高,其硬度符号用 HS 表示。这种测量仪结构简单、体积小,可随身带入测量现场,使用方便,不损坏被测件表面,但需要操作者具有一定的使用经验。

第四节 热 处 理

金属零件的热处理主要指钢的热处理。钢的热处理是将固态钢加热到某一温度,保温一段时间,再在介质中以一定速度冷却的一种工艺过程。钢经过热处理后,可以改善其机械性能、力学性能及工艺性能,提高零件的使用寿命。热处理在机械制造业中的应用日益广泛。据统计,在机床制造中要进行热处理的零件占 60%~70%;在汽车、拖拉机制造中占 70%~80%;在各类工具(刃具、模具、量具等)和滚动轴承制造中,100%的材料都需要进行热处理。

在零部件测绘中,通常将零件的热处理方法写在技术要求中。

一、钢的热处理简介

热处理的工艺方法很多,常用的有以下几种:退火、正火、淬火、回火、表面淬火、化学热处理等。

表面淬火是将钢件的表面层淬透到一定的深度,而心部仍保持未淬火状态的一种局部热处理方法。表面淬火时通过快速加热,使钢件的表层很快达到淬火温度,在热量尚未传到工件心部时就立即冷却,以实现局部淬火。

化学热处理是将工件置于一定的化学介质中加热和保温,使介质中的活性原子渗入工件表层,以改变工件表层的化学成分和组织,从而提高零件表面的硬度、耐磨性、耐腐蚀性和表面的美观程度,而其心部仍保持原来的机械性能,以满足零件特殊要求的一种热处理方法。

化学热处理的种类很多,依照渗入元素的不同,有渗碳、渗氮、碳氮共渗等,以适用于不同场合的需要。在所有化学热处理的方法中,以渗碳应用最广(表 3-7)。

表 3-7 常用热处理种类、目的和应用

名　称	代　号	说　明	目　的
退火	5111	将钢件加热到临界温度以上 30~50 ℃,一般为 710~715 ℃,个别金属钢为 800~900 ℃,保温一段时间,然后缓慢冷却(一般在炉中冷却)	用于消除铸、锻、焊零件的内应力,降低硬度,便于切削加工,细化金属晶粒,改善组织,增加韧性
正火	5121	将钢件加热到临界温度以上,保温一段时间,然后在空气中冷却,冷却速度比退火快	用于处理低碳钢、中碳结构钢及渗碳零件,细化晶粒,增加强度和韧性,减小内应力,改善切削性能

续表

名　称	代　号	说　明	目　的
淬火	5131	将钢件加热到临界温度以上，保温一段时间，然后在水、盐水或油中（个别材料在空气中）急剧冷却，以得到高硬度	用于提高钢的硬度和强度极限。但淬火后引起内应力，使钢变脆，所以淬火后必须回火
回火	5141	将淬火后的钢件重新加热到临界温度以下某一温度，保温一段时间，然后在空气中或油中冷却	用于消除淬火后的脆性和内应力，提高钢的塑性和冲击韧性
调质	5151	淬火后在500~700 ℃高温进行回火	用于使钢获得高的韧性和足够的强度，重要的齿轮、轴、丝杠等零件需调质处理
表面淬火	5210	用火焰或高频电流将零件表面迅速加热到临界温度以上，急速冷却	提高零部件表面的硬度及耐磨性，而心部又保持一定的韧性，使零件既耐磨又能承受冲击，常用来处理齿轮等
渗碳	5311	在渗碳剂中将钢件加热到900~950 ℃，停留一定时间，将碳渗入钢表面，渗碳深度0.5~2 mm，再淬火后回火	增加钢件的耐磨性能、表面强度、抗拉强度及疲劳极限。适用于低碳、中碳（W_c=0.4%）结构钢的中小型零件
渗氮	5340	在500~600 ℃通入氮的炉内加热，向钢的表面渗入氮原子，渗氮层为0.025~0.8 mm，渗氮时间需40~50 h	增加钢件表面的耐磨性能、表面硬度、疲劳极限和抗蚀能力，适用于合金钢、碳钢铸铁件，如机床主轴、丝杠、重要液压元件等
碳氮共渗	5320	在820~860 ℃炉内通入碳和氮，保温1~2 h使钢件表面同时渗入碳、氮原子得到0.2~0.5 mm氰化层	增加机件表面的硬度、耐磨性、疲劳强度和抗蚀能力，用于要求硬度高、耐磨的中小型、薄片零件、刀具等
固溶处理和时效	5181	低温回火后，精加工前，加热到100~160 ℃后，保温10~40 h，铸件也可放在露天环境中一年以上	消除内应力，稳定机件形状和尺寸，常用于处理精密机件，如精密轴承、精密丝杠等

二、典型零件常用材料与热处理方法

在工程实践中，常用的机械零件已经形成了一套固定的热处理方法，在零部件测绘中可直接选用。

1. 轴的材料与热处理方法

轴的材料与热处理方法见表 3-8。

表 3-8 轴的材料与热处理方法

工 作 条 件	材料和热处理
用滚动轴承支承	45、40Cr，调质，220～250HBW；50Mn，正火或调质 70～323HBS
用滑动轴承支承，低速轻载或中载	45，调质，225～255HBW
用滑动轴承支承，速度稍高，轻载或中载	45、50、40Cr、42MnVB，调质，228～255HBW；轴颈表淬火，45～50HRC
用滑动轴承支承，速度较高，中载或重载	40Cr，调质，228～255HBW：轴颈表面淬火，不小于 54HRC
用滑动轴承支承，高速中载	20、20Cr、20MnVB，轴颈表面渗碳，淬火，低温回火，58～62HRC
用滑动轴承支承，高速重载，冲击和疲劳应力都高	20CrMnTi，轴颈表面渗碳，淬火，低温回火，不小于 59HRC
用滑动轴承支承，高速重载、精度很高（≤0.003 mm），承受很高疲劳应力	38CrMoAlA，调质，248～286HBW，轴颈渗氮，不小于 900HV

2. 齿轮的材料与热处理方法

齿轮的材料与热处理方法见表 3-9。

表 3-9 齿轮的材料与热处理方法

工 作 条 件	材料和热处理
低速轻载	45，调质，200～250HBS
低速中载，如标准系列减速器齿轮	45、40Cr，调质，220～250HBS
低速重载或中速中载，如车床变速箱中的次要齿轮	45，表面淬火，350～370 ℃中温回火，齿面硬度 40～45HRC
中速重载	40Cr、40MnB，表面淬火，中温回火，齿面硬度 45～50HRC
高速轻载或中载，如有冲击的小齿轮	20、20Cr、20MnVB，渗碳，表面淬火，低温回火，齿面硬度 52HRC 62HRC；38CrMoAl，渗氮，渗氮深度 0. 5mm，齿面硬度 50～55HRC
高速中载，无猛烈冲击，如车床变速箱中的齿轮	20CrMnTi，渗碳，淬火，低温回火，齿面硬度 56～62HRC
高速中载，模数>6 mm	20CrMnTi，渗碳，淬火，低温回火，齿面硬度 52～62HRC
高速重载，模数<5 mm	20Cr、20Mn2B，渗碳，淬火，低温回火，齿面硬度 52～62HRC
大直径齿轮	ZG340-640，正火，180～220HBW

3. 链轮的材料与热处理方法

链轮的材料与热处理方法见表 3-10。

表 3-10 链轮的材料与热处理方法

工 作 条 件	材料和热处理
中速中载，尺寸较大的链轮	Q235～Q275，退火，140HBW

续表

工 作 条 件	材料和热处理
正常工作条件下，齿数>25 的链轮	35，正火，160～200HBW
中速，无剧烈冲击的链轮	40、50、ZG310-570、42MnVB，淬火，回火 40～50HRC
采用 A 级链条，要求轮齿耐磨和强度高的链轮	40Cr、35SiMn、35CrMo，淬火，回火 40～50HRC
速度较高，中载，齿数≤25 的链轮	15、20，渗碳，淬火，回火，齿面硬度 50～60HRC
有冲击，重载，齿数<25 的重要链轮	15Cr、20Cr，渗碳，淬火，回火，齿面硬度 50～60HRC

4. 蜗杆的材料与热处理方法

蜗杆的材料与热处理方法见表 3-11。

表 3-11　蜗杆的材料与热处理方法

工 作 条 件	材料和热处理
低速中载或不太重要的蜗杆	45#调质，220～250HBW
高速重载	20Cr，900～950 ℃渗碳，800～820 ℃油淬，180～200 ℃低温回火，齿面硬度 56～62HRC；40、45、40Cr，表面淬火，中温回火，齿面硬 45～50HRC
要求耐磨性高尺寸大的蜗杆	20CrMnTi，渗碳，油淬，低温回火，齿面硬度 56～62HRC
要求高硬度和最小变形的蜗杆	38CrMoAlA，正火（调质），渗氮，齿面硬度大于 850HV

5. 弹簧的材料与热处理方法

弹簧的材料与热处理方法见表 3-12。

表 3-12　弹簧的材料与热处理方法

工 作 条 件	材料和热处理
形状简单、截面较小、受力不大的弹簧	65，785～815 ℃油淬，300 ℃、400 ℃、600 ℃回火，相应的硬度 50HRC、45HRC、340HBW、369HBW
中等载荷的大型弹簧	60Si2MnA、65Mn，870 ℃油淬，460 ℃回火，40～45HRC
重载荷、高弹性、高疲劳极限的大型板簧和螺旋弹簧	50CrVA、60Si2MnA，860 ℃油淬，475 ℃回火，40～45HRC
在酸、碱介质中工作的弹簧	2Cr18Ni9，1 100～1 150 ℃水淬，绕卷后消除应力，400 ℃回火 60 min，160～200HBW

第四章　画测绘图的步骤和应注意事项

第一节　画测绘图的步骤

1. 了解和分析测绘对象

测绘前要对被则绘的部件进行仔细观察和分析,并参阅有关资料、说明书或同类产品的图样,以便对该部件的性能、用途、工作原理、功能结构特点以及部件中各零件的装配关系等有概括了解。

2. 拆卸部件

零部件的拆卸是为了更深入地弄清零部件的工作原理、连接关系和结构形状。拆卸之前,根据对测绘对象的分析,先确定正确的拆卸方法和顺序,然后准备所需的拆卸工具。常用的拆卸工具如表 4-1 所示。

表 4-1　常用的拆卸工具

扳手	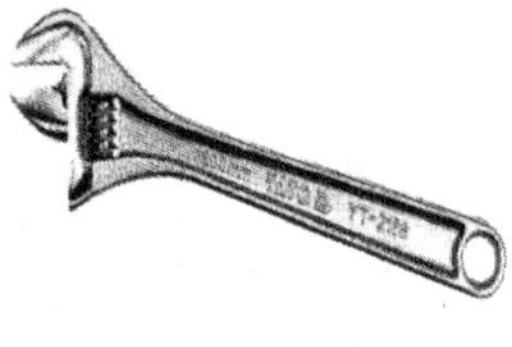 (a) 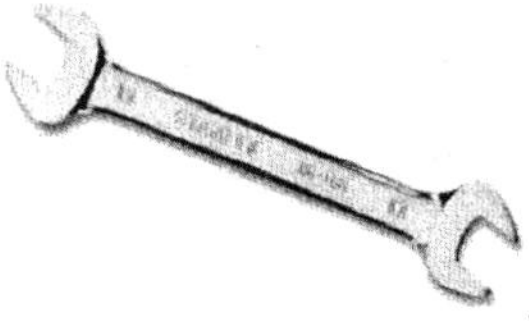　(b) 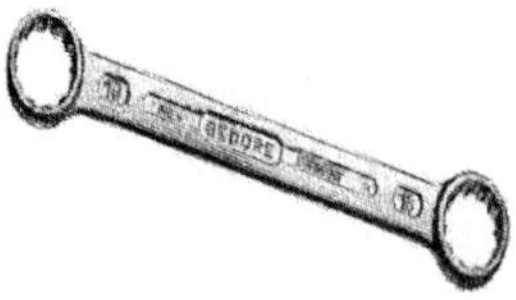 (c) 　(d)	(a)活扳手:可扳动一定范围内的六角头或方头螺栓、螺母。 (b)呆扳手:用于紧固、拆卸一种或两种规格的螺栓、螺母。 (c)梅花扳手:用于工作空间狭小,不能容纳活扳手、呆扳手的场合。 (d)内六角扳手:用于紧固或拆卸内六角螺钉
虎钳	 (a) 　(b) 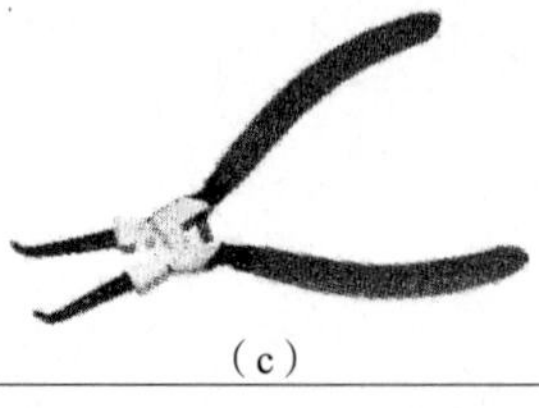 (c)	(a)钢丝钳:用于夹持小零件,剪断或弯曲金属丝。 (b)尖嘴钳:在狭小的工作空间操作。 (c)挡圈钳:供装、拆弹性挡圈用

续表

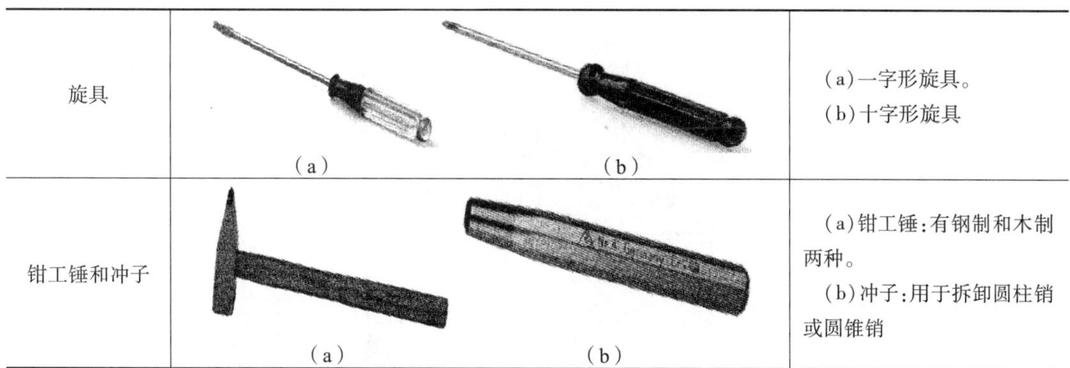

旋具	(a)　(b)	(a)一字形旋具。 (b)十字形旋具
钳工锤和冲子	(a)　(b)	(a)钳工锤:有钢制和木制两种。 (b)冲子:用于拆卸圆柱销或圆锥销

拆卸时需要注意以下几点。

(1)对于精密或重要零件,拆卸时应避免重击。

(2)对不可拆卸零件(如焊接件、镶嵌件等),不应拆开。

(3)对于精度要求较高的配合部分或不拆也可测绘的零件,不要随便拆卸,以免降低机器的精度或损坏零件而无法复原。

(4)对一些重要尺寸,如相对位置尺寸、装配间隙和运动零件的极限位置尺寸等,应先进行测量,以便重新装配部件时,能保持原来的装配要求。

(5)对于较复杂的部件,拆下的零件不要乱放,最好装配成小单元,或扎上标签对零件分别编号,妥善保管,避免零件损坏、生锈或丢失。对螺钉、键、销等容易散失的小零件,拆完后仍可装在原来的孔槽中,以避免丢失或装错。

3. 画装配示意图

为了便于部件拆卸后装配复原,在拆卸零件的同时,应画出装配示意图。装配示意图是表达部件中各零件的名称、数量、零件间相互位置和装配连接关系的图样。一般一边拆卸,一边画图。通过目测,徒手用简单线条示意性地画出各零件在原部件中的装配关系。

画装配示意图(图 4-1)时需注意以下几点。

(1)画装配示意图时,仅用简单的符号和线条表达部件中各零件的大致形状和装配关系。一般用正投影法绘制,并且大多只画一个图形,所有零件尽可能地集中在一个视图上。如果表达不完整,也可增加图形,但各图形间必须符合投影规律。

(2)为了使图形表达得更清晰,通常是将所测绘部件假想成透明体,既画外形轮廓,又画外部及内部零件间的关系。

(3)在装配示意图上编出零件序号,其编号最好按拆卸顺序排列,并且列表填写序号、零件名称、数量和材料等。对于标准件不必绘制零件图,因此,只需测得几个主要尺寸,并将它们的名称、数量和规定标记注写在表上。

(4)两相邻零件的接触面或配合面之间应画出间隙,以便区别。零件中的通孔可按剖面形状画成开口,以便更清楚地表达通路关系。

(5)有些零件(如轴、轴承、齿轮、弹簧等),应按国家标准(GB/T 4460—1984)中的规定符号表示,如表 4-2 所示。若没有规定符号,则该零件用单线条画出它的大致轮廓,以显示其形体的基本特点。

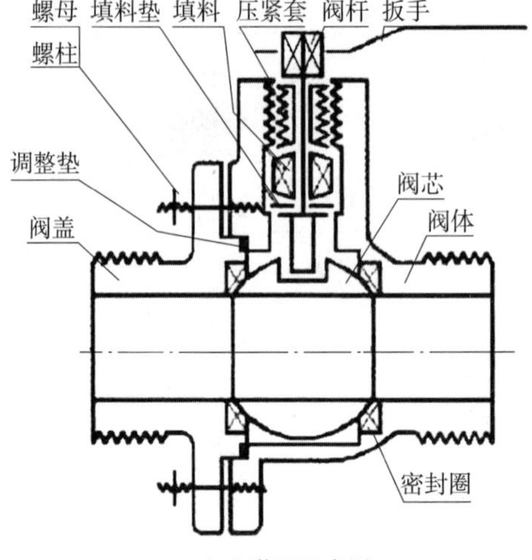

（a）装配示意图

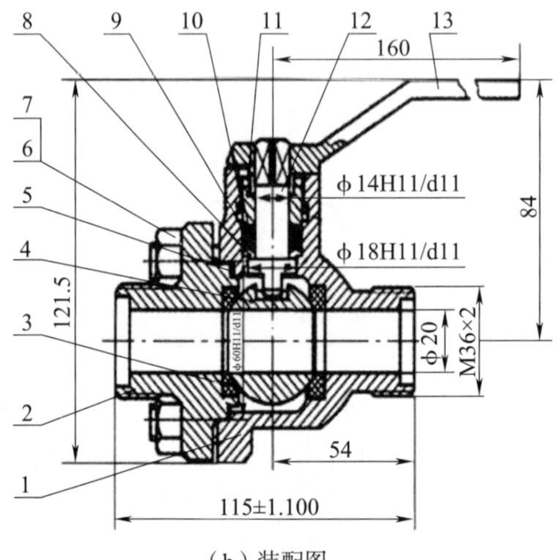

（b）装配图

图 4-1　球阀的装配示意图及装配图

表 4-2　装配示意图常用简图符号（GB/T 4460—2013）

名　　称	基 本 符 号	可 用 符 号
轴、杆		
轮与轴固定连接		
螺杆与螺母连接		
压缩弹簧		

续表

名　　称			基本符号	可用符号
轴承		滑动轴承		—
		滚动轴承		
		推力球轴承		
		圆锥滚子轴承		
齿轮机构	齿轮	圆柱齿轮		
		圆锥齿轮		
	齿轮传动	圆柱齿轮啮合		
		圆锥齿轮啮合		
		蜗轮蜗杆啮合		
V带传动				
平带传动				
电动机				—

4. 测绘零件及画零件草图

(1)绘制零件草图的步骤。

零件草图是在测绘现场通过徒手、目测估计实物大致比例画出的零件图(即徒手目测图),然后在此基础上把测量的尺寸数字填入图中。零件草图按以下步骤绘制:

①了解零件的作用,分析零件的结构,确定视图表达方案。

②画边框线和标题栏,布置图形,定出各视图位置,画主要轴线、中心线或作图基准线。布置图形还应考虑各视图间应留有足够位置标注尺寸。

③在确定视图表达方案的基础上,画出主视图、俯视图等,擦去多余图线,校对后描深。注意画视图必须分画底稿和描深两步进行。仔细检查,不要漏画细部结构。如倒角、小圆孔和圆角等,但铸造上的缺陷不应反映在视图上。

④考虑并画出标注零件尺寸的全部尺寸界线和尺寸线。标注尺寸时,可再次检查零件结构形状是否表达完整、清晰。

⑤测量零件尺寸并逐个填写尺寸数字,注写零件表面粗糙度代号,填写标题栏。最后完成零件草图(测量零件的工具及使用方法将在后面专门介绍)。

(2)绘制零件草图应满足的要求。

零件草图不等于潦草,它是其后绘制零件图的重要依据,因此应该具备零件图的全部内容。画出的零件草图要满足以下几点要求:

①遵守相应的国家标准;

②目测时要基本保持各部分的相对比例关系,图形正确,符合三视图的投影规律;

③线型粗细分明,图样清晰;

④字体工整,尺寸数字准确无误;

⑤在保证质量的前提下,绘图速度要快初学者宜在图纸(力格纸)上面绘图。

(3)绘制零件草图的技巧。

零部件的图形无论怎样复杂,总是由直线、圆、圆弧和曲线组成。因此要画好草图,必须掌握各种线条的画法。

①握笔方法:握笔的位置要使笔尖与纸面呈 45°~60°角。

②直线的画法:短直线应一笔画出,长直线则可分段相接而成。画水平线时,将图纸稍微倾斜放置,从左到右画出;画垂直线时,由上向下较为顺手;画斜线时,应将图纸转动到适宜运笔的角度,如图 4-2 所示。

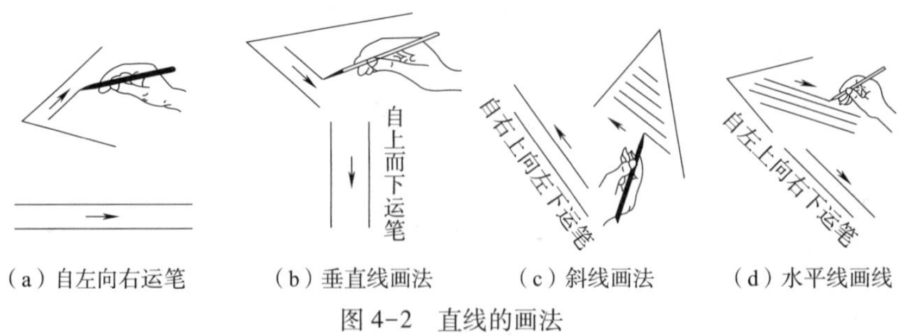

(a)自左向右运笔　(b)垂直线画法　(c)斜线画法　(d)水平线画线

图 4-2　直线的画法

③常用角度的画法:画 30°、45°、60°等常见角度,可根据直角边的比例关系,在两直角边上定出两端点,然后连接而成,如图 4-3 所示。

④圆的画法:画小圆时,先画中心线,在中心线上按半径大小,目测定出四点,然后过四点分两半画出,如图 4-4(a)所示。也可过四点先画正方形,再画内切的四段圆弧,如图 4-4(b)所示。画直径较大的圆,可过圆心加画一对十字线,按半径大小,目测八点,然后依次连接,如图 4-4(c)所示。

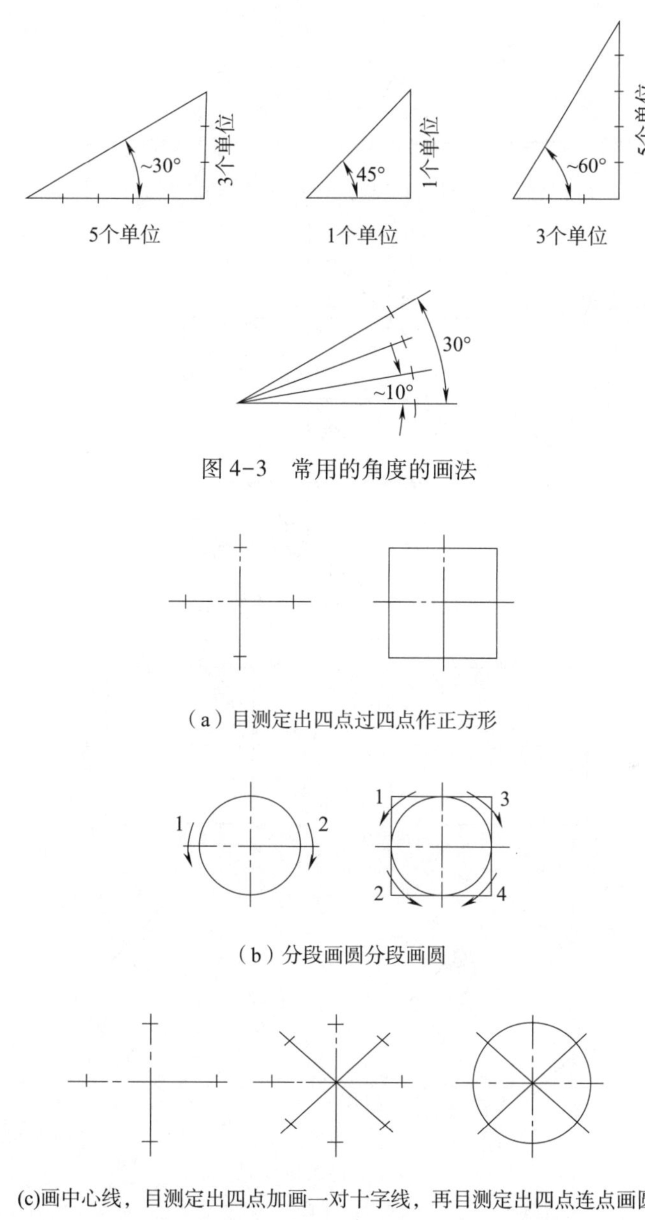

图 4-3　常用的角度的画法

（a）目测定出四点过四点作正方形

（b）分段画圆分段画圆

(c)画中心线，目测定出四点加画一对十字线，再目测定出四点连点画圆

图 4-4　圆的画法

⑤圆角、圆弧连接的画法:画圆角时,先将直线画成相交后作角平分线,在角平分线上定出圆心位置,使其与角两边的距离等于圆角半径的大小;过圆心向角两边引垂线,定出圆弧的起点和终点,同时在角平分线上定出圆周上的点;徒手把三点连成圆弧,如图 4-5(a)所示。采用类似方法可以画圆弧连接,如图 4-5(b)所示。

⑥椭圆的画法:画椭圆时,先根据长、短轴定出四点,画出一个矩形,然后画出与矩形相切的椭圆,如图 4-6(a)所示。也可先画出椭圆的外切菱形,然后画出椭圆如图 4-6(b)所示。

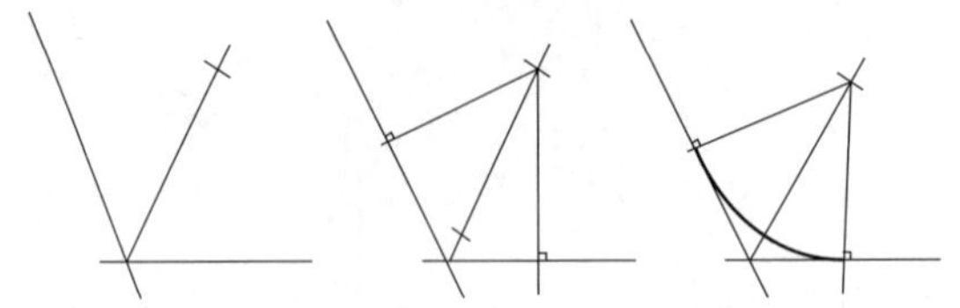

（a）作角平分线，定圆心作垂线，定圆弧的起点和终点连点画出圆弧

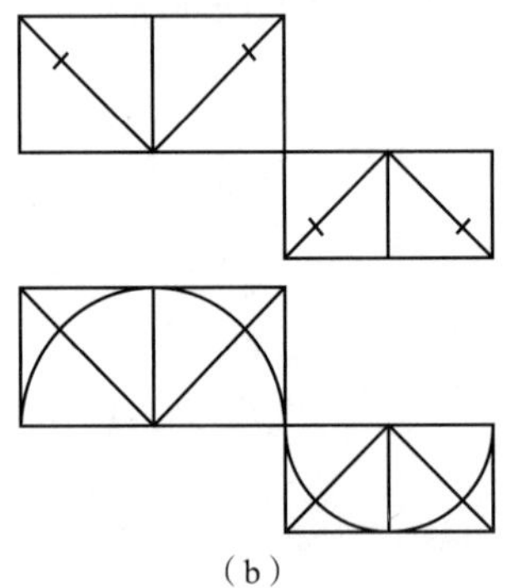

（b）

图 4-5　圆角、圆弧连接的画法

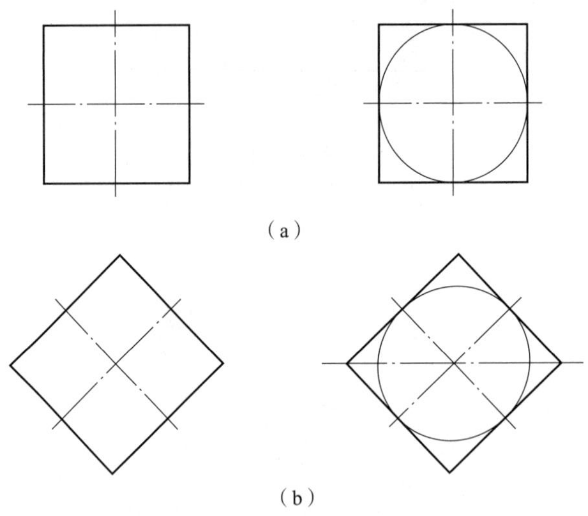

（a）

（b）

图 4-6　椭圆的画法

5. 画装配图

根据零件草图和装配示意图提供的零件之间的连接方式和装配关系，绘制部件的装配图。画装配图时，应注意发现并修正零件草图中不合理的结构，注意调整不合理的公差取值以及所测得的尺寸，以便为绘制零件工作图提供正确的依据。

(1)画装配图首先要确定表达方案，包括选择主视图、确定视图数量和表达方法，要以最少的视图，完整、清晰地表达部件的装配关系和工作原理。

①选择主视图：通常按部件的工作位置选择投射方向，并使主视图能较清晰地表达部件的工作原理、传动方式、零件间的主要装配关系，以及主要零件的结构形状特征。

②确定其他视图：针对主视图尚未表达清楚的装配关系和零件间的相对位置，选用其他

视图补充。

确定表达方案时,可多考虑几套方案,通过分析比较再确定较为理想的方案。为了便于看图,视图间的位置应符合投影规律,并留有注写尺寸和零件编号的位置。

(2)画装配图的步骤。

①定比例、选图幅、合理布局:根据确定的表达方案,确定画图的比例及图幅大小。同时,整个图样的布局应匀称、美观。视图间留出一定的距离,以便注写尺寸和零件编号,还要留出标题栏、明细栏及技术要求所需的位置。

②画图顺序:按照“先主后次”原则,从主视图画起,由主要结构到次要结构,从起定位作用的基准件,到其他零件;画主视图时,可以从装配主线出发,由内向外,逐层画出;也可以从主体机件出发,逐层由外向里画出内部各个零件。

③整理加深,标注尺寸、注写序号、填写明细栏和标题栏,写出技术要求,完成全图。

6. 画零件工作图

装配图绘制完成之后,根据装配图和零件草图绘制出零件工作图。画零件工作图要以零件草图为基准,对草图中视图表达、尺寸标注等不合理或不够完善之处进行必要的修正。

画零件工作图的步骤如下:

(1)选择比例:根据零件的复杂程度及大小选择合适的比例。

(2)选择幅面:根据表达方案、比例,尽量选择基本幅面。

(3)画底稿:画各视图的基准线、画出图形、标注尺寸界线。

(4)校核、加深和填写尺寸数字、箭头和注写技术要求、标题栏。

7. 完成部件测绘

装配图和零件工作图全部完成后,要对全部图纸做最后的审核,并将零件装配复原,整理好测绘工具。

第二节　画零件测绘图时必须注意事项

在画测绘图时必须注意以下一些情况:

(1)零件的制造缺陷,如砂眼、气孔、刀痕等,以及长期使用所造成的碰伤或磨损,加工错误的地方都不应画出。

(2)零件上因制造、装配的需要而形成的工艺结构,如铸造圆角、倒角、倒圆、退刀槽、越程槽、凸台、凹坑等,都必须画出,不能忽略。

(3)有配合关系的尺寸,一般只要测出它的基本尺寸,其配合性质和相应的公差值,应在分析考虑后,再查阅有关手册确定。

(4)没有配合关系的尺寸或不重要的尺寸。允许将测量所得的尺寸适当圆整(调整到整数值)。

(5)对螺纹、键槽、齿轮的轮齿等标准结构的尺寸,应该把测量的结果与标准值进行核对,采用标准结构尺寸,以利于制造。

(6)凡是经过切削加工的铸、锻件,应注出非标准拔模斜度与表面相交处的角度。

(7)零部位的直径、长度、锥度、倒角等尺寸,都有标准规定,实测后,应由根据相应国家标准选用最接近的标准数值。

(8)测绘装配体的零件时,在未拆装配体以前,先要弄清它的名称、用途、材料、构造等基本情况。

(9)考虑装配体各个零件的拆卸方法、拆卸顺序以及所用的工具。

(10)拆卸时,为防止丢失零件和安装起见,所拆卸零件应分别编上号码,尽可能把有关零件装在一起,放在固定位置。

(11)测绘较复杂的装配零件之前,应根据装配体画出一个装配示意图。

(12)对于两个零件相互接触的表面,在它上面所标注的表面粗糙度要求应该一致。

(13)测量加工面的尺寸,一定要使用较精密的量具。

(14)所有标准件,只需量出必要的尺寸并注出规格,可不用画测绘图。

第三节　测绘图上的尺寸标注

测绘图上的尺寸,要按机械制图国家标准规定的规则来标注。必须完整、清晰,以利于以后画零件图和装配图。标注尺寸的注意事项可归纳成以下几点:

(1)标注尺寸时应先确定基准。

(2)两边相等的尺寸,一般可不画出。假如两个相邻尺寸的地位很狭小,可以在尺寸界线上画一小圆点;在连续尺寸很多的场合也可以在尺寸线和尺寸界线相交的地方画一短线,以代替两个相接的箭头。测绘图上的比例尺是估计出来的,不可能很准确。但各部分的相对比例要尽量做到对称。

(3)尺寸应按照零件加工顺序来标注。因为图上尺寸会直接影响加工的顺序和工作时间。所以,当画任何一个零件的时候,首先要决定基准的位置,也就是测量的尺寸要按照零件的加工顺序来考虑。

(4)应该考虑到所注尺寸是否符合零件加工的工艺要求。

(5)两个零件互相连接和配合的共同尺寸,其位置和数值必须一致,以免加工出来的零件装配不上。

(6)测绘图上所标注的公差尺寸,必须与所指表面的表面粗糙度相适应。例如某工件加工的基本尺寸是50 mm,要求2级精度,压入配合,尺寸允许偏差是6.3 mm,这个工件的最后加工工序是粗磨,表面粗糙度就应当标注 $Ra6.3\ \mu m$。

(7)零件的尺寸偏差应该根据车间的机械设备和技术水平来注,同时,零件表面的精度要根据零件本身的要求,即它在装配体中的作用来注,否则所作的测绘图不切实际,也不经济。

第四节　测绘图的习惯画法

测绘图有很多简便而实用的习惯画法。这些画法在实际工作中应用得非常广泛。测绘图凡是不直接用作于工作图的场合,应该尽量地使用习惯画法。为了节省量和画的时间,在能够表明零件结构的原则下,视图要越少越好。

1. 画部分视图的方法

这种画法常常用来画对称零件。因为对称零件各部分的尺寸是关于轴线对称的，因此在测绘时不需要把对称零件的视图完整画出。图 4-7(a)所示为法兰，它的前后、左右都关于轴线对称。当量尺寸画它的测绘图时，主视图可以只画一半，如图 4-7(b)所示。视图画出后，首先把对称的孔的中心距“60”注在图上，再以底面为基准面，把量出的高度“25”和圆盘的厚度“10”注上。最后标注出钻孔的直径“$\phi8$”和孔的数目。俯视图可只画四分之一，把所需的尺寸“$R25$”和“$R12$”记入图上后，测绘图就全部画完。

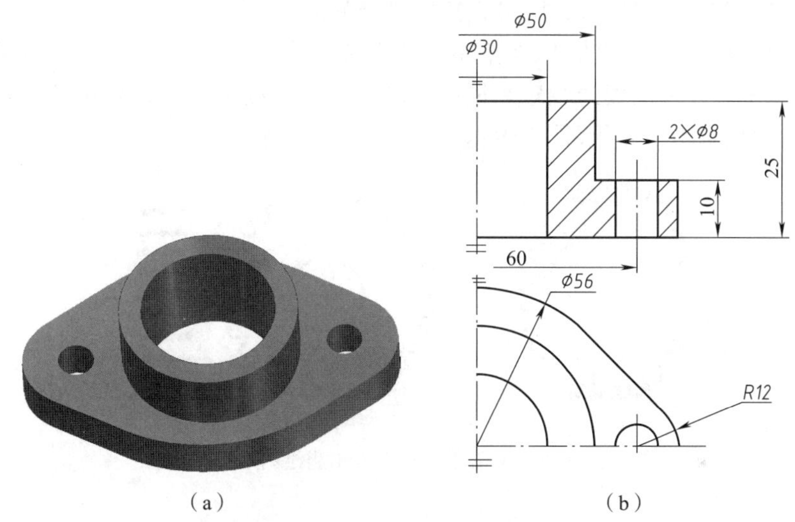

图 4-7　只画部分测绘图的示例

2. 拓印法

零件上某些形状比较复杂的平面，测量起来比较困难，测出的尺寸也可能不准确，这时一般可以采用拓印法来代替测绘图。方法是：把要测量的部分涂以红铅油、印油、墨汁等色料，然后拓印到纸面上，再根据印出的图形测出其各部分的尺寸。图 4-8(a)所示为圆柱齿轮，齿形部分很不容易测量。利用拓印法把齿形印下如图 4-8(b)所示，用以代替草图的主视图。齿轮的齿宽，可以用拓印的方法印一段，用来代替测绘图的侧视图。画正式工作图时，再把数出的齿数(Z)32 和量出的外径(d_a)$\phi68$、孔径 $\phi22$、齿宽 12 和键槽尺寸 6×6(宽度 b×高度 h)记在旁边，如图 4-8(b)所示齿轮的模数(m)和节圆直径(d)可用下面的公式求出：

模数 $m=\dfrac{d_a}{Z+2\ \text{mm}}=\dfrac{68}{32+2}\ \text{mm}=\dfrac{68}{34}\ \text{mm}=2\ \text{mm}$,

分度圆直径 $d=m\times Z=2\times32\ \text{mm}=64\ \text{mm}$,

$$m_n=\frac{D_e}{\dfrac{Z}{\cos\beta_e}+2}$$

根据计算出 m_n 的值，选取与它相近的标准模数，然后求出轮齿节圆柱面上的螺旋角：

$$\cos\beta=\frac{m_nZ}{D_e-2m_n}$$

求出螺旋角 β 的数值后，就可以按下列各式求出标注齿轮工作图所需的节圆直径 d 和齿根圆直径 d_f：

端面模数：$m_t=\dfrac{m_n}{\cos\beta}$，

分度圆直径：$d=m_tZ=\dfrac{m_nZ}{\cos\phi}$，

齿根圆直径：$d_f=d-2.5m_t$。

轮齿的宽度和其他部分的尺寸，可直接用量具测得。

此外，还有一种实用拓印法，用来拓印一些零件的曲线。方法是：将一张薄纸放在曲线部分上，用手指沿着零件的棱边轻轻来回抹上一、两遍，曲线的轮廓线就可清楚地印出。然后根据印出的曲线来求出半径（图 4-9）。

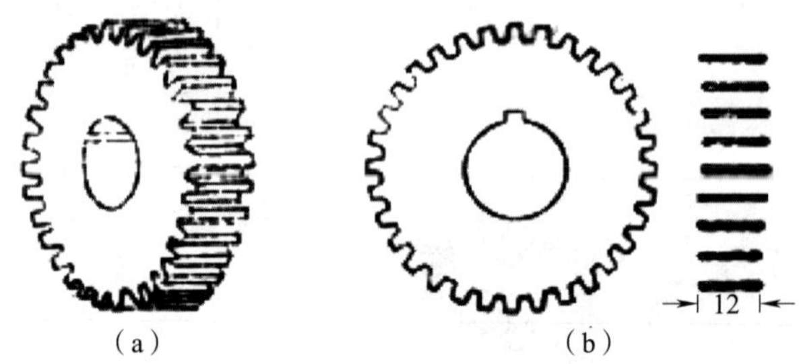

（a）　（b）

图 4-8　用拓印法画正齿轮测绘图示例

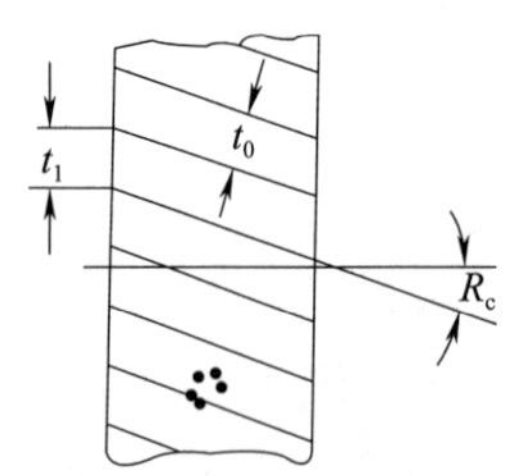

图 4-9　用拓印法测量螺旋齿轮

3. 制型法

零件上的某些弧形表面，可采用制型法。用硬纸仿照弧面的形状剪出一个样板，经多次试量和修正，直到样板曲线的形状和所要测量的表面完全符合为止。图 4-10 是车床刀架的手柄草图，手柄的弧面部分，可以做出一个样板，然后把样板的曲线用铅笔描在纸上。画正式工作图时，用圆规在所描下的图形上求出各弧半径，并用外卡钳或卡尺等量具求出手柄弧面的最大尺寸。

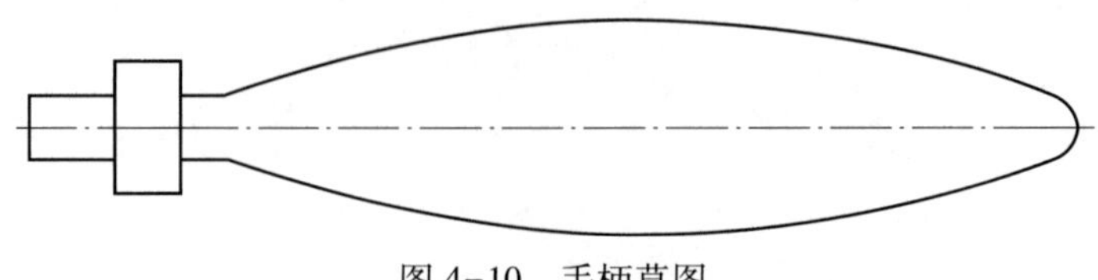

图 4-10　手柄草图

假如零件的弧面部分为未经加工的自然坯面，因为其精度不高，可以用金属线（如向铅线、铜丝等）放在要测量的曲面上，用木榔头、小锤等轻轻地把金属线弯成与曲线一致的形状，然后求出各部分所需的尺寸。

4. 铅笔描制法

铅笔描制法只适用于画一般尺寸要求不严格的零件，这种零件的大小和形状，可用铅笔直接沿着它的轮廓描出。为了使图不至于和零件的实际尺寸差得很多，在画测绘图的时候，要注意拿铅笔的手法，铅笔尖应尽量靠近零件的边线，笔杆略微向外倾斜。

第五章　测绘一级齿轮减速器

减速器是一种常用的减速装置。由于电动机的转速很高，而工作机往往要求转速适中，因此在电动机和工作机之间需加上减速器以调整转速，如图 5-1 所示。减速器的种类很多，按照传动类型可分为齿轮减速器、蜗杆减速器、行星减速器以及由它们组合起来的减速器组；按照传动的级数可分为单极减速器和多级减速器；按照齿轮形状可分为圆柱齿轮减速器、圆锥齿轮减速器和圆锥—圆柱齿轮减速器。一级齿轮减速器是最简单的一种减速器。

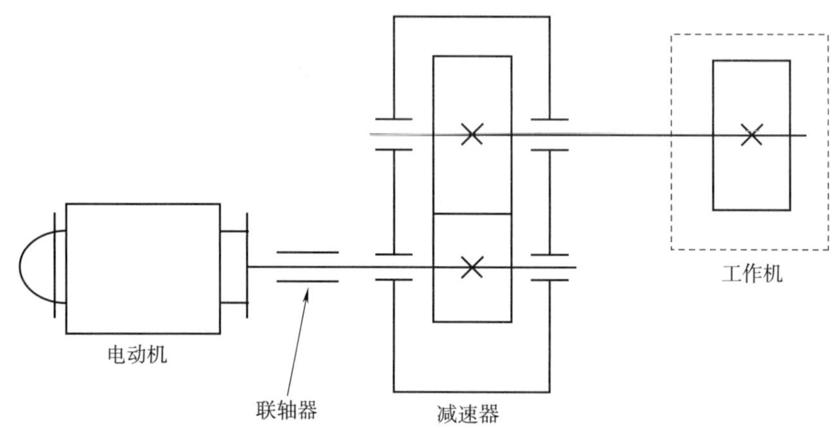

图 5-1　单级圆柱直齿轮减速器运动简图

减速器工作时，回转运动是通过齿轮轴传入，再经过小齿轮传递给大齿轮，经键将减速后的回转运动传给轴，轴将回转运动传给工作机械。

第一节　减速器的工作原理和装配

1. 减速器的工作原理

减速器的工作原理：当电动机转动时，通过联轴器或带轮带动装在箱体内的小齿轮转动，再通过小齿轮与大齿轮的啮合，带动大齿轮转动，将动力从一轴传递到另一轴，以达到在大齿轮轴上减速的目的。减速器如图 5-2 所示。

2. 绘制减速器的装配示意图

部件被拆开后为了便于装配复原，在拆卸过程中应尽量做好记录，最简单和常用的方法就是绘制装配示意图（也可采用照相乃至录像等方法）。

装配示意图可以在拆卸前画出初稿，然后边拆卸边补充完善，最后画出完整的装配示意图。装配示意图用简单线条画出大致轮廓，以表示零件间的相对位置和装配关系。它是绘制装配图和重新装配的依据。

（a）分解图

（b）总装图

图 5-2　单级圆柱直齿轮减速器

关于装配示意图的具体画法可参考相关书籍，请根据内容按要求画出减速器的装配示意图（见图 5-3）。

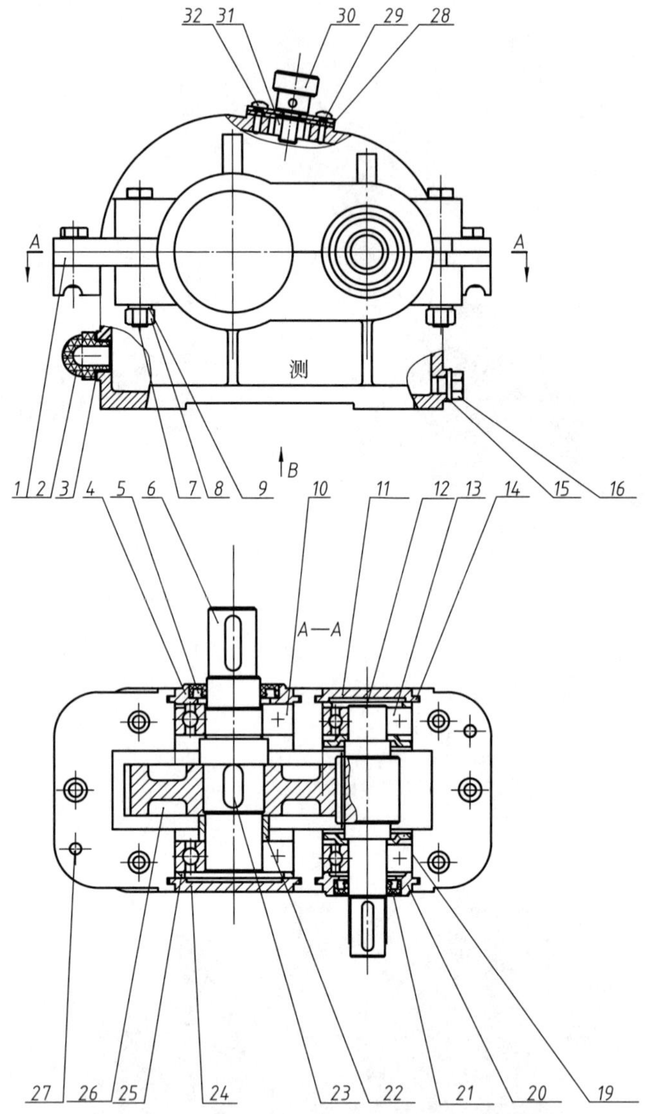

图 5-3 单级圆柱直齿轮减速器装配示意图

图 5-3 所示减速器的主动轴与被动轴两端均由滚动轴承支承;工作时采用飞溅润滑,改善了工作情况。垫片、挡油环、填料可防止润滑油渗漏和灰尘进入轴承。支承环是防止大齿轮轴向窜动;调整环可调整两轴的轴向间隙。减速器机体、机盖用销定位,并用螺栓紧固。机盖顶部有观察孔,机体有放油孔。

减速器的详细零件资料参见表 5-1。

表 5-1 减速器零件明细表

序号	名 称	材 料	数 量	代 号
1	齿轮箱座	HT200	1	ZD 10—001
2	油标 B10	PP	1	GB/T 7941. 2

续表

序号	名　称	材　料	数　量	代　号
3	油标垫片		1	
4	输出轴端盖	HT200	1	ZD 10—002
5	油封 28×47×7	丁腈橡胶	1	GB/T 13871. 1
6	输出轴	40Cr	1	ZD 10—003
7	螺母 M8×65	35	4	GB/T 5780
8	螺母 M8	35	5	GB/T 41
9	弹性垫圈 8	65Mn	5	GB/T 93
10	轴承 6206		2	GB/T 276
11	输入轴端盖	HT200	1	ZD 10—004
12	齿轮轴	40Cr	1	ZD 10—005
13	轴承 6204		2	GB/T 276
14	输入轴调整环	45	1	ZD 10—006
15	垫圈 10	石棉板	2	
16	放油螺栓	45	1	ZD 10—007
17	螺栓 M8×30	35	2	GB/T 5780
18	齿轮箱箱盖	HT200	1	ZD 10—008
19	挡油环	Q235	2	ZD 10—009
20	输入轴端盖	HT200	1	ZD 10—010
21	油封 20×35×7	丁腈橡胶	1	GB/T 13871. 1
22	套筒	45	1	ZD 10—011
23	键 10×22	35	1	GB/T 1096
24	输出轴端盖	HT200	1	ZD 10—012
25	输出轴调整环	45	1	ZD 10—013
26	大齿轮	40Cr	1	ZD 10—014
27	圆锥销 6×15	35	2	GB/T 117
28	加油孔垫片	石棉板	1	ZD 10—015
29	加油孔小盖	Q235A	1	ZD 10—016
30	通气塞	45	1	ZD 10—017
31	螺母 M10	35	1	GB/T 41
32	螺钉 M4×10	35	4	GB/T 818

3. 减速器各零件的主要结构和作用

(1)齿轮、轴及轴承组合。

减速器有两条轴系即两条主要装配干线，两轴分别由一对滚动轴承 6204 和 6206 支承在机座上，采用过渡配合，这样能保证有较好的同轴度，从而保证齿轮啮合的稳定性。

如果齿轮直径和轴的直径相差不大，可将齿轮和高速旋转的轴制成一体，通称为齿轮轴,如该减速器中的小齿轮 12 即为齿轮轴;对于大齿轮,由于其直径与低速轴直径相差较大,一般分为两个零件,且它们之间采用平键连接,如该减速器中的输出轴 6 和大齿轮 26 之间用键 23 连接起来。

轴上零件利用轴肩、轴套和轴承盖作轴向固定,两轴均采用了深沟球轴承,主要承受径向载荷和不大的轴向载荷。轴承安装时的轴向间隙由调整环 14 和 25 调整,装配时只需修磨两轴上的调整环厚度,即可使轴向间隙达到设计要求。

使用滚动轴承时,必须对轴承加以润滑。轴承润滑的目的,其一是在于降低轴承中的摩擦阻力,减缓轴承的磨损;其二是起散热、减振、防锈及减少轴承中接触应力的作用。

根据轴承的结构和工作条件,可以采用润滑油润滑和润滑脂润滑两种方式。在较高速度下工作的滚动轴承(圆周速度 $v>4\sim5$ rad/s),宜采用润滑油润滑。通常减速器中的轴承是利用齿轮旋转时溅起的稀油进行润滑。在机座油池中的润滑油被旋转的齿轮飞溅到机盖的内壁上,流到分箱面坡口后,由于机座凸缘边上开有一圈沟槽直接与轴承相通,可将油引到轴承孔内供轴承润滑。当浸油齿轮周围速度 $v<2$ rad/s 时,轴承应采用润滑脂润滑,为了避免溅起的稀油冲掉润滑脂,可采用挡油环将其分开。

为了防止轴承中的润滑油外流,防止外部的灰尘和水分进入轴承内,在端盖和外伸轴之间必须装有如毡圈等的密封件。

(2)机体。

机体是用于包容齿轮和支承轴承的。为了便于轴系零件的安装和拆卸,机体制成水平剖开式,沿两轴线平面分为机座和机盖,两者之间采用螺栓连接,以便于拆装。为了保证机体上轴承孔和端盖孔的正确位置,两零件上的孔是合在一起加工的;因此,在齿轮箱座 1 与齿轮箱箱盖 18 左右两边的凸缘处分别采用两圆锥销定位,销孔钻成通孔,便于拔销。为了保证箱体具有足够的刚度,机体的左右两边各有两个成钩状的加强肋,同时也便于起吊运输用。

齿轮箱座下部为油池,油池内装有润滑油,供齿轮润滑用。齿轮和轴承采用飞溅润滑方式,油面高度通过油标 2 进行观察(一般油面超过大齿轮的一个齿高)。为防止箱座或箱盖的结合面渗漏油,有时在箱座顶面四周铣有回油槽,装配时在箱体结合面上涂有密封胶。设计通气塞 30 是为了排放箱体内的膨胀气体。拆去加油孔小盖 29 后可检视齿轮磨损情况,放油螺栓 16 用于清洗放油,其螺孔应低于油池底面,以便放尽油泥。机体前后对称,其上安置两啮合齿轮。轴承和端盖对称分布在齿轮的两侧。

为了保证减速器平稳地安装在基础面上,尽量减少箱体底座平面的机加工面积,箱体底面一般制成凹槽。机盖顶部设有加油盖和透气孔,以及为装产品铭牌预留的 4 个小孔。

(3)其他附件。

为了保证减速器正常工作,应考虑到减速器的润滑(注油、排油和检查油面高度)、密封、降温、加工及拆装检修时机盖与机座的精确定位吊装等,而采用的辅助零件和部件。

①输入轴端盖 11 和输出轴端盖 24:又称闷盖,可以固定轴系部件的轴向位置并承受轴向载荷,同时也起到密封作用。

②输出轴端盖 4 和输入轴端盖 20:两个均为可通端盖,也称为透盖,中间通过轴颈,为防止漏油,中间开有槽,内放毡圈起密封作用。

4 个端盖 4、11、20、24 分别嵌入机体内，从而确定了轴和轴上零件的轴向位置。

③挡油环 19：能把齿轮溅起的油挡在槽内，而不会将油甩到轴承内部的润滑油内。

④输入轴调整环 14 和输出轴调整环 25：两个调整环使轴上各个零件排列紧密，消除由累积误差引起的轴向间隙，但一定要注意，调整环必须装在闷盖一端。

⑤检查孔：用来检查齿轮啮合情况，并向箱内注入润滑油。

⑥通气塞 30：减速器工作时机体内温度升高，气体膨胀，压力增大。为了使机体内膨胀的空气能够自由排除，以保证机体内外压力平衡，不致使润滑油沿机座、机盖结合面或轴上密封件等其他缝隙泄漏，通常在机体顶部装设通气塞，随时放出箱内油的挥发气体和水蒸气等。

4. 减速器的拆卸与装配顺序

箱座与箱盖通过 6 个螺栓连接，拆下 6 个螺母，拧出螺栓 17 即可将箱盖顶起拿掉，对于两轴系上的零件，整体取下该轴系，即可一一拆下各零件。其他各部分拆卸比较简单，不再赘述。装配时，一般要倒转过来，后拆的零件先装，先拆的零件后装。

拆卸零件时注意不要用硬东西乱敲，以防敲毛、敲坏零件，影响装配复原。对于不可拆的零件（如过渡配合或过盈配合的零件）不要轻易拆下。拆下的零件应妥善保管，依序同方向放置，以免丢失或给装配增添困难。

第二节　绘制零件草图并整理成零件图

零件草图一般是在生产现场目测大小、徒手绘制的。它是画装配图和零件图的原始资料，必须做到表达方案正确、尺寸完整、注有必要的技术条件等内容。

对于标准件，一般不需要画出其零件草图和零件图，只需正确测量其主要参数，然后查找有关国家标准，确定标准件的类型、规格和标准代号，将其填入装配图明细栏中即可。对配套使用的螺纹连接件，应注意对照其规格和有关尺寸查找标准代号，留待填入装配明细栏中。

对于常用件，应画出零件草图和零件图，常用件上标准结构（如齿轮的模数、键槽等）的尺寸应根据有关参数查表取标准值，在图上直接标出。对于非标准件，要逐件测绘，并绘制零件草图及零件图。对于易损或易丢失的零件（如密封垫圈等），要根据其关联零件想象其结构，并绘制出草图。

在绘制零件草图并整理成零件图时，请注意以下几个问题：

1. 表达方案的选择

用一组图形，完整、清晰地表达出零件的内外结构形状。表达方案的选择可参考四大类典型零件的表达方案，分析所画零件为哪一类，然后根据其特点，正确选择所需的表达方法。

2. 视图的绘制

按照零件图的画法详细地绘制出各相关零件的视图，但要注意，零件视图要按照理想形状画出。所谓理想形状是指忽略制造缺陷和制造误差，能够满足使用要求的形状。例如箱盖四周的 4 个圆角半径应该一致。

3. 尺寸测量和标注

零件的尺寸标注必须符合国家标准规定并有利于测量和加工制造。尺寸标注的方法主要是形体分析法。

(1)首先分析尺寸,画出所有尺寸界线和尺寸线。

首先要选择尺寸基准,基准应考虑便于加工和测量。分析尺寸时主要从装配结构着手,对配合尺寸和定位尺寸直接注出,其他尺寸则按定形尺寸和定位尺寸考虑注全尺寸,最后确定总体尺寸。

(2)集中测量标注尺寸,从基准出发对零件各部分尺寸逐一进行测量和标注。

对有配合和相关的尺寸,应同时在相关的零件草图及零件图上注出。以保证关联尺寸的准确性,同时也节省时间。

(3)查表确定与标准件有关的尺寸。

例如轴承是标准件,与轴承有关的尺寸有:与滚动轴承的内圈相配合的轴的直径、与滚动轴承外圈相配合的机座和机盖上轴承孔的直径。上述轴径和孔径都是由轴承的有关尺寸(可通过查相关手册得到)来确定的。同样,与键、螺纹紧固件等标准件有关的尺寸,也必须通过查相关手册确定。另外,零件上的倒角、圆角或退刀槽等已经标准化的结构尺寸,也必须通过相关标准来确定。

(4)有的尺寸是要通过计算才能得到。

例如齿轮的齿顶圆直径、齿根圆直径以及两齿轮中心距尺寸等都需要根据有关公式计算得到。

(5)有配合的两零件的尺寸,一般只在一个零件上测量。

例如机座和机盖的外形尺寸、内部宽度等尺寸均是一致的。

4. 确定并标注有关技术要求

由于在教学中使用的减速器是测绘用的教具,虽然其结构基本仿真,但体积小,制作比较粗糙。为便于拆装,各配合连接处都较松,考虑到轻巧防锈等要求,用料可能也与实物不符。因此,对于草图上的表面粗糙度、尺寸公差、形位公差等技术要求的有关内容,应在教师的指导下注出,但在画装配图与零件图时,需要参考有关资料重新修改审定。

5. 部分零件的参考图

下面将减速器的主要零件的草图及零件图的画法作简单的介绍,仅供参考。由于减速器的基本零件是机盖和机座,所以先对机盖和机座进行测绘。

(1)齿轮箱盖。

齿轮箱盖的基本结构如图 5-4 所示,它的结构比较复杂,材料为铸铁,毛坯为铸造件,在画图时要注意铸造圆角和过渡线的画法。

为了更清晰的表达机盖的结构,要选择表达物体形状特征和结构特征最多的方向作为主视图的投射方向。主视图需要表达零件的外形及多处内形结构(如孔槽结构),故考虑选择局部剖视的方法表达并适当保留部分虚线;俯视图主要表达外形;左视图既可考虑采用半剖视图表达,也可考虑两个平行的平面进行阶梯剖的方法来表达。

箱盖的尺寸标注比较复杂,要按形体分析法标注,以底面前后对称面和大轴孔的轴线为主要尺寸基准,标注尺寸时要逐个按形体进行标注,不可混乱。先标注定形尺寸,后标注定位尺寸;先标注大的基本形体,再标注局部细节。

箱盖三维示意图如图 5-4 所示。

图 5-4　减速器箱盖结构

(2)齿轮箱座。

齿轮箱座的基本结构如图 5-5 所示,它的结构比较复杂,材料为铸铁,毛坯为铸件。

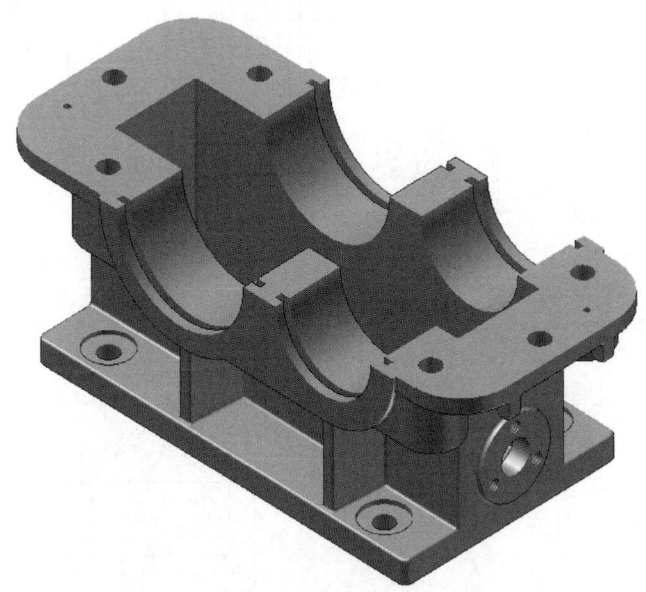

图 5-5　减速器齿轮箱座结构

由于机座内外形都需要表达,且外形较内形复杂,主视图也不符合半剖的条件,故考虑选择局部剖切,主要表达孔槽的结构;俯视图前后基本对称,可以采用半剖视图,但半剖视图表达的内容不多,且机座螺栓孔的凸台等仍未表达清楚。综合比较,采用视图表达。左视图表达可考虑采用两个平行的平面进行阶梯剖的方法来表达。

(3)齿轮轴。

齿轮轴的结构如图 5-6(a)所示。齿轮轴的基本结构为同轴回转体,故轴线水平放置,主视图投射方向垂直于轴线。由于齿轮轴键槽位于圆锥轴段,故将键槽朝前,并采用移出断面图 *A*—*A* 表达键槽形状。但要注意键槽尺寸应查有关标准。齿轮轴的零件图如图 5-6(b)所示。

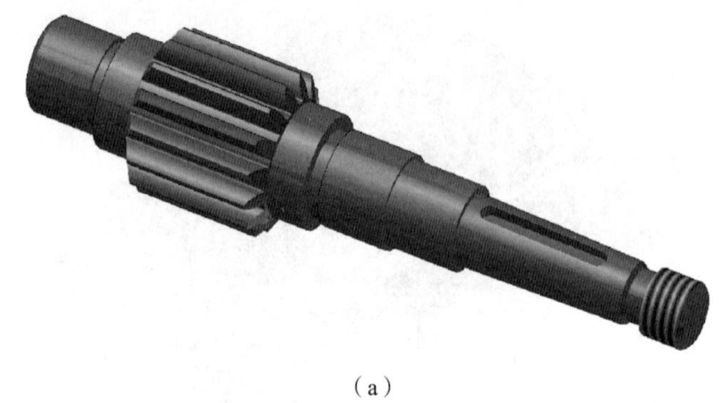

（a）

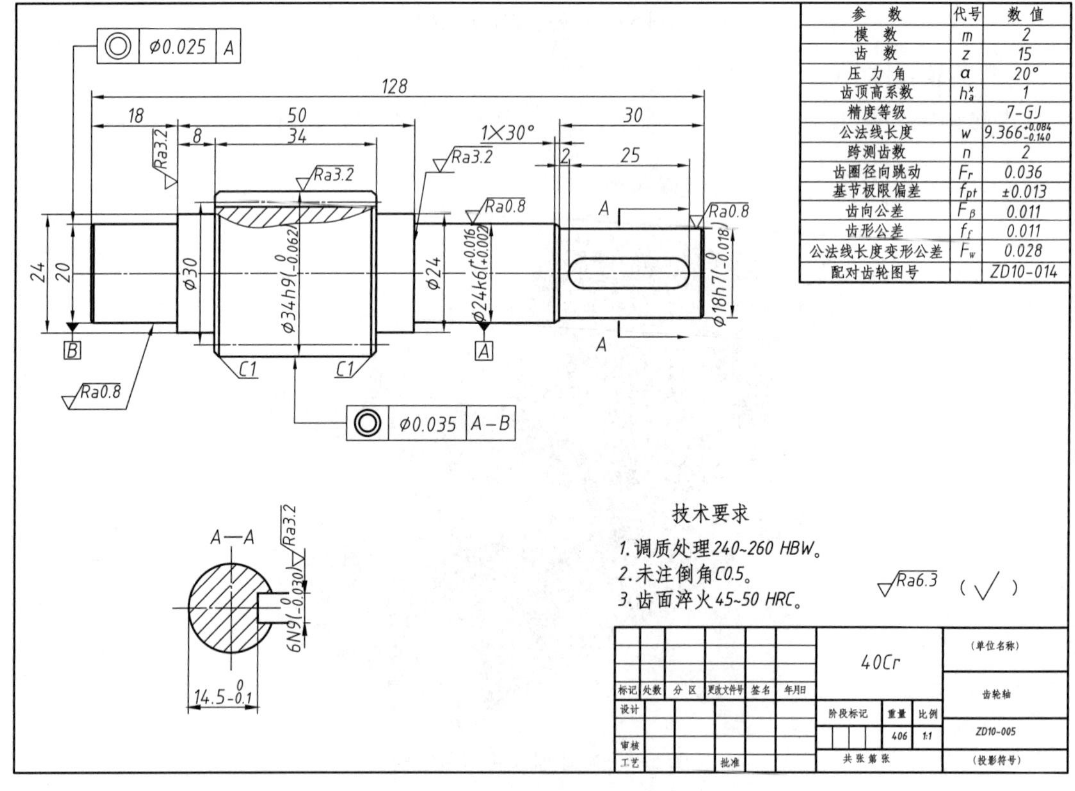

（b）

图 5-6 减速器齿轮轴

（4）齿轮。

齿轮的结构如图 5-7（a）所示。齿轮为传动件，其基本结构为回转体，表达时一般将轴线水平放置，主视图投射方向垂直于轴线，且采用全剖视图。由于齿轮孔有键槽，故还应选择左视图。由于该齿轮轮辐结构简单，左视图可采用简化画法。齿轮的零件图如图 5-7（b）所示。

（5）轴。

轴的结构如图 5-8（a）所示。轴由多段同轴回转体组成，故轴线水平放置，主视图投射方向垂直于轴线。键槽朝前,以便在主视图上表达其形状。在键槽处选择断面图来表达键槽深度和端面形状。注意键槽和退刀槽的尺寸应查标准得到。轴的零件图如图 5-8(b)所示。

(a)

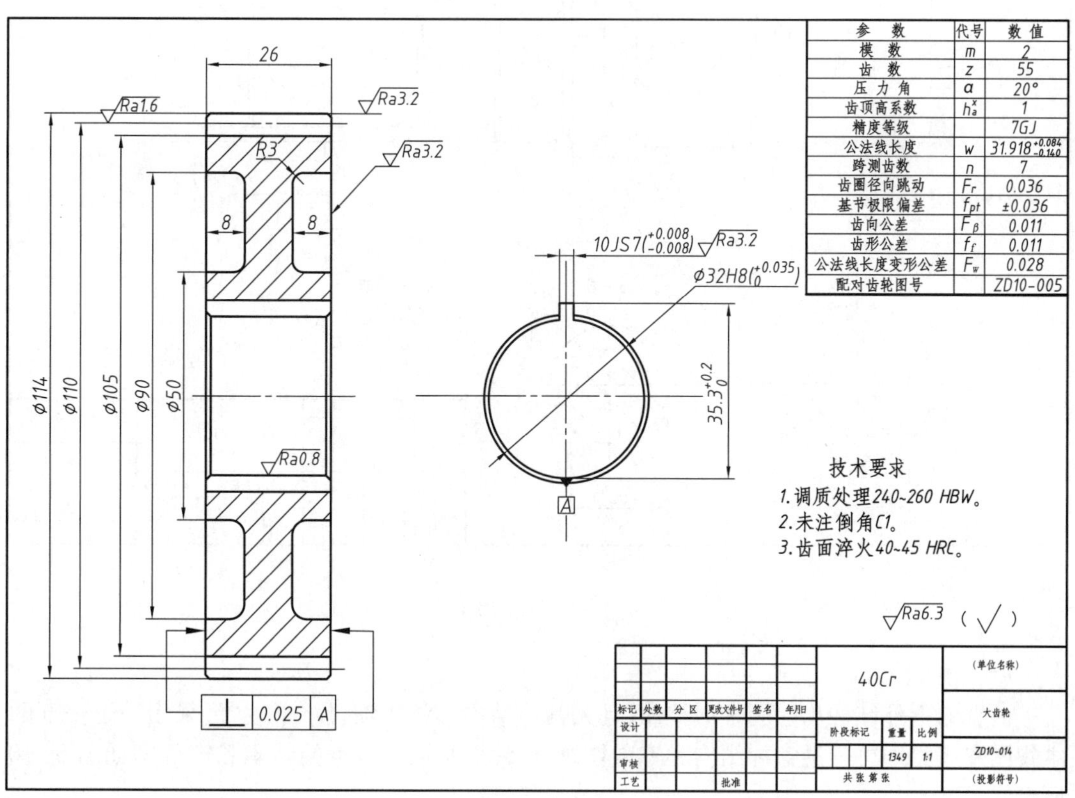

(b)

图 5-7 减速器齿轮

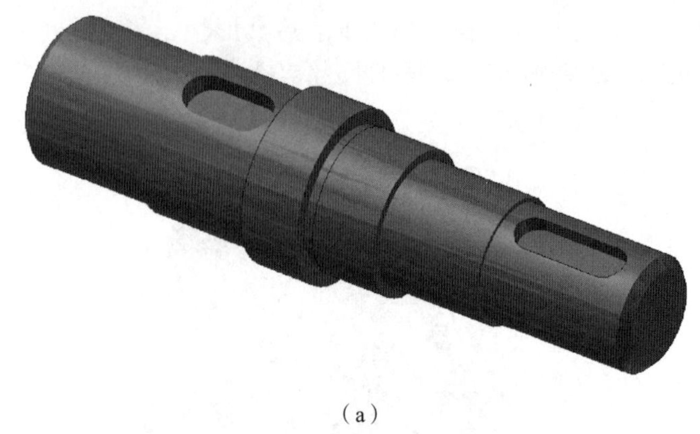

(a)

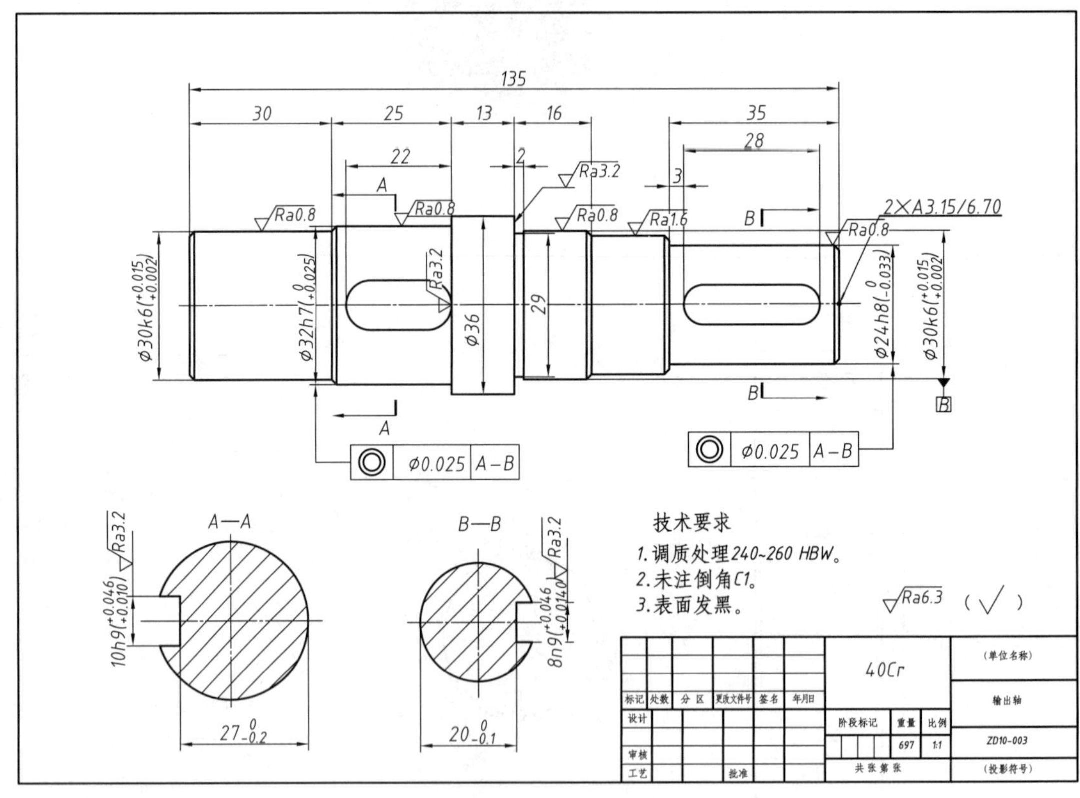

(b)

图 5-8 输出轴

(6)输入轴透盖、端盖。

两者的内外结构均为同轴回转体,且无其他结构。将其轴线水平放置,采用一个全剖的主视图来表达即可。透盖的结构和零件图如图 5-9 所示。端盖的结构和零件图如图 5-10 所示。

(7)加油孔小盖。

加油孔小盖的结构图如图 5-11 所示。

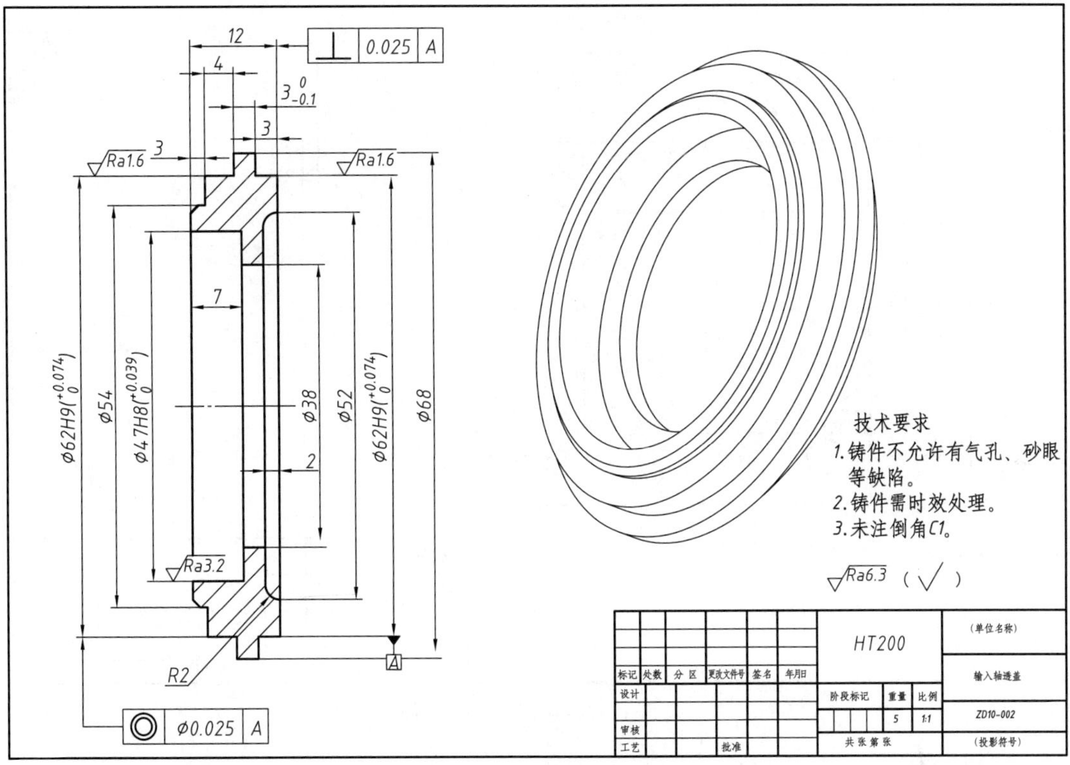

图 5-9 减速器输入轴透盖

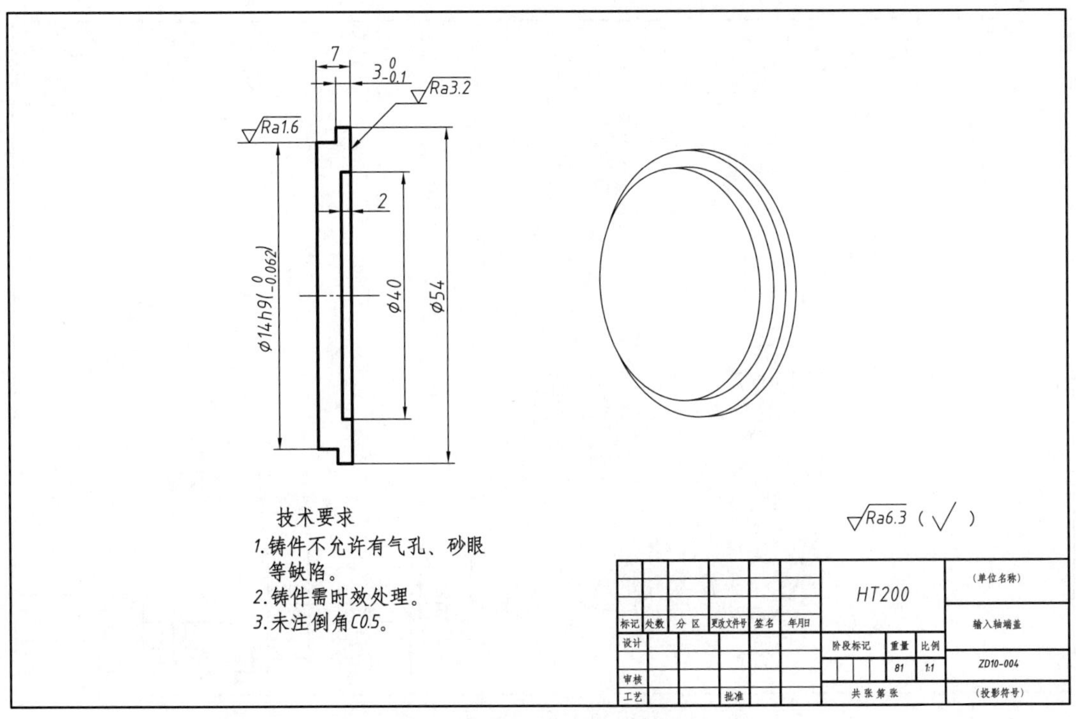

图 5-10 减速器输入轴端盖

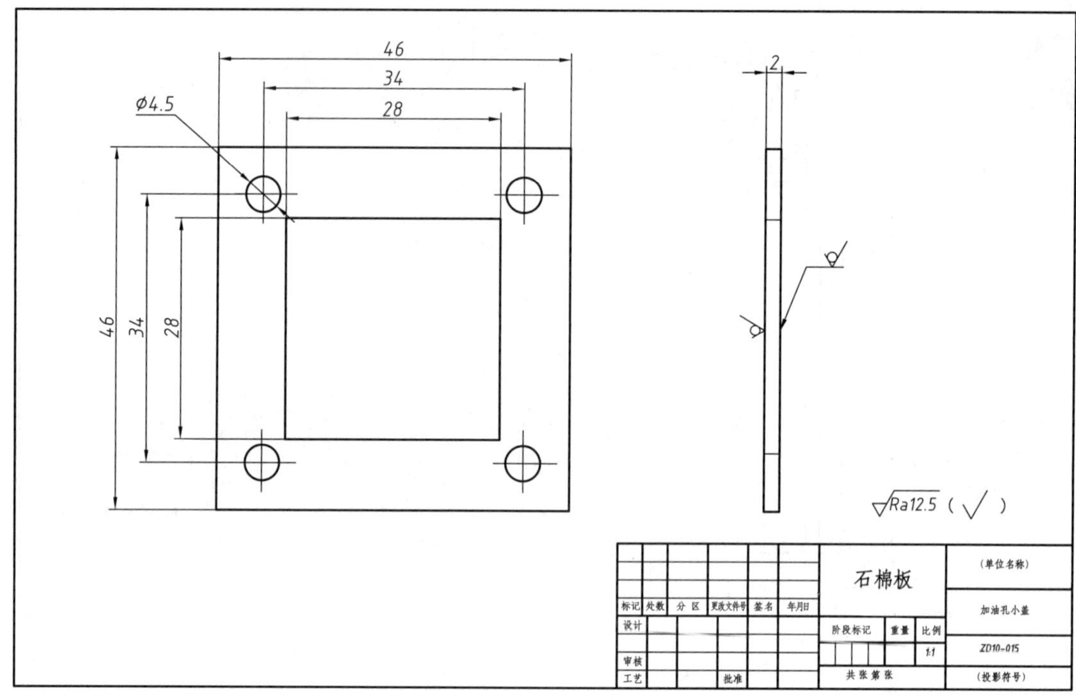

图 5-11　减速器加油孔小盖

(8)挡油环。

挡油环的结构和零件图如图 5-12 所示。

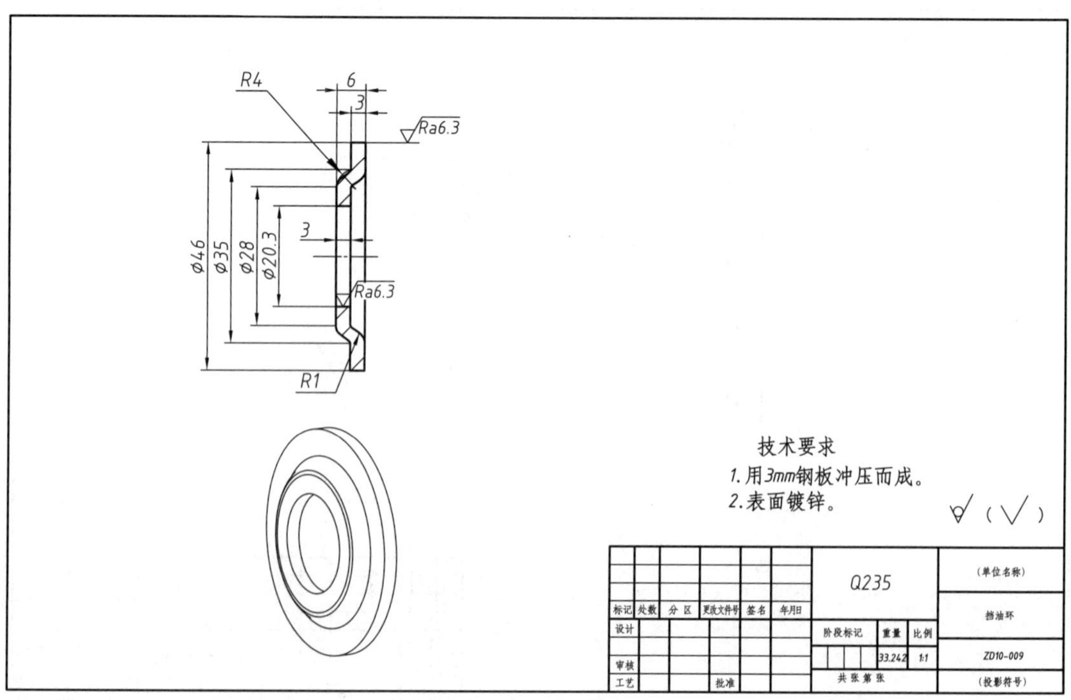

图 5-12　减速器挡油环

(9)通气塞。

通气塞的结构和零件图如图 5-13 所示。

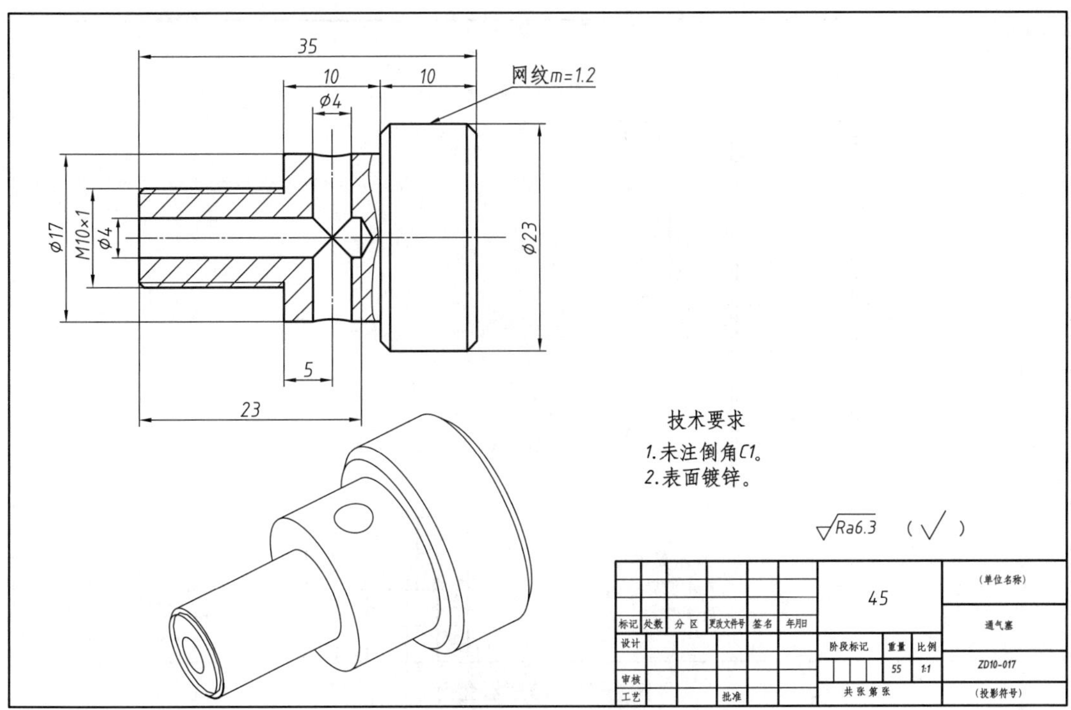

图 5-13　减速器通气塞

(10)输出轴调整环。

输出轴调整环的结构图如图 5-14 所示。

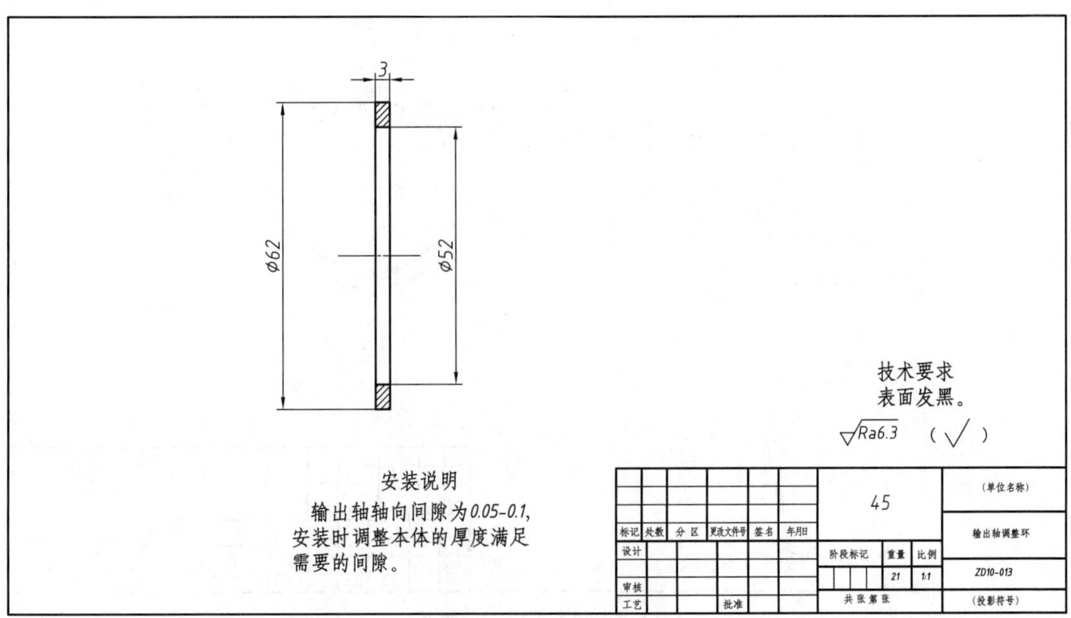

图 5-14　输出轴调整环

(11)套筒。

套筒的结构图如图 5-15 所示。

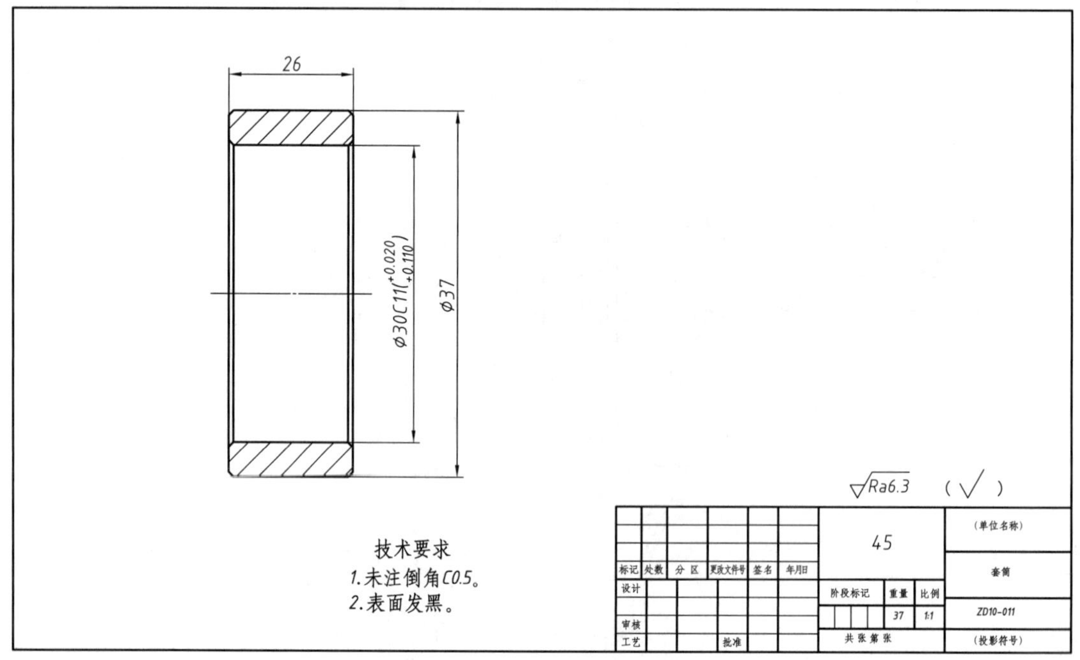

图 5-15 减速器套筒

(12)放油螺栓。

放油螺栓的结构和零件图如图 5-16 所示。

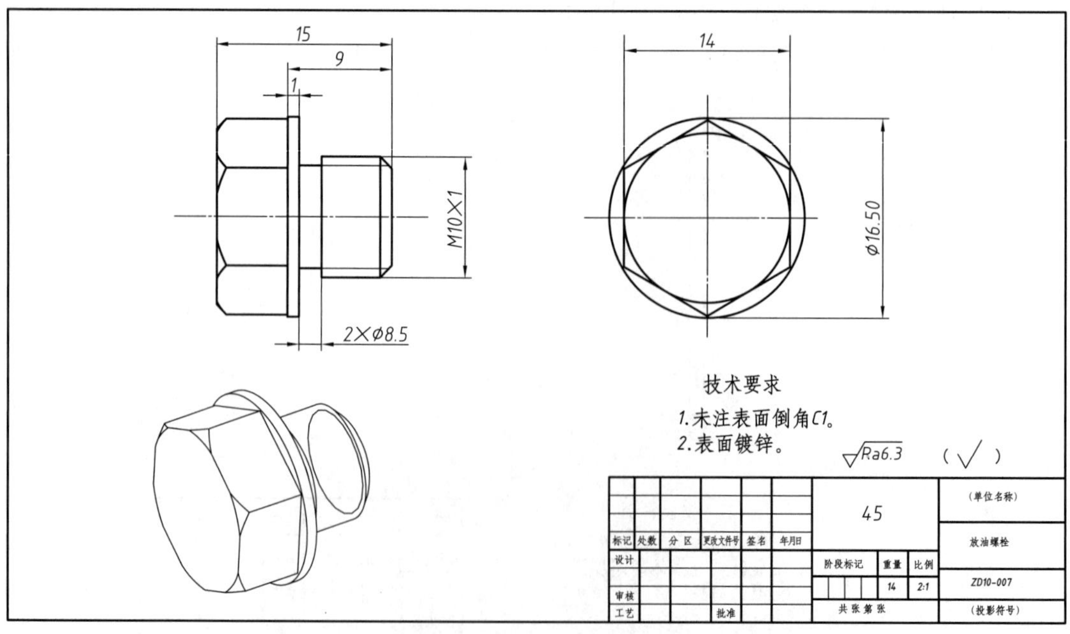

图 5-16 减速器放油螺栓

(13)输出轴透盖、端盖。

输出轴透盖的结构和零件图如图 5-17 所示,输出轴端盖的结构和零件图如图 5-18 所示。

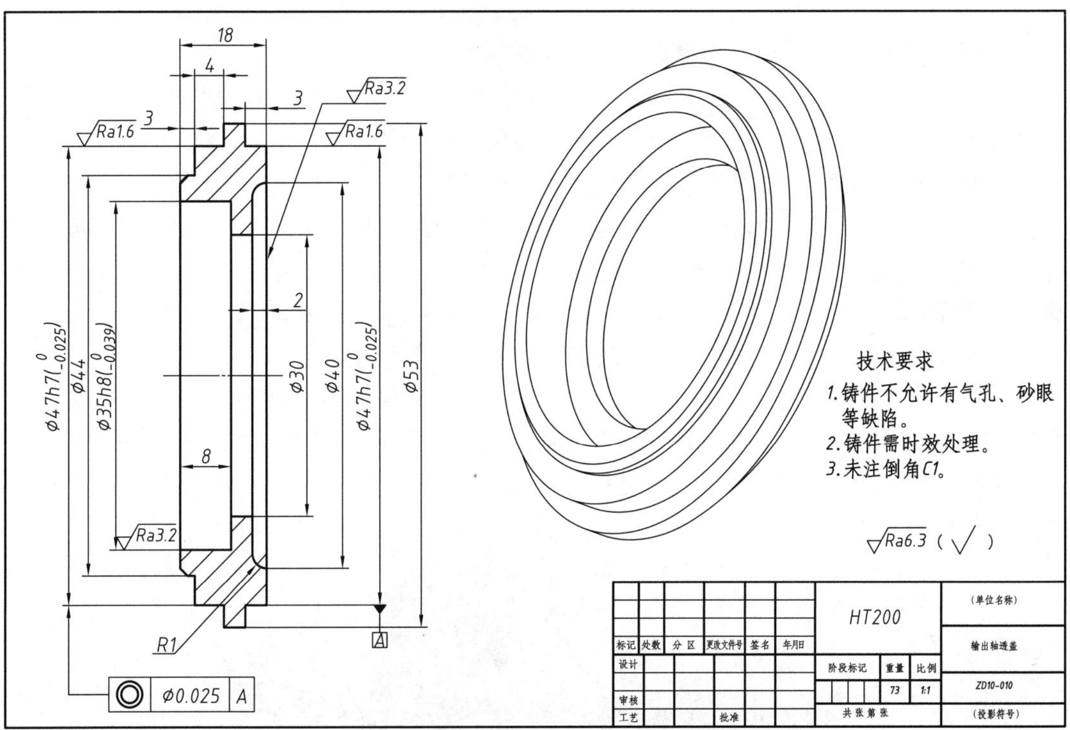

图 5-17　减速器输出轴透盖

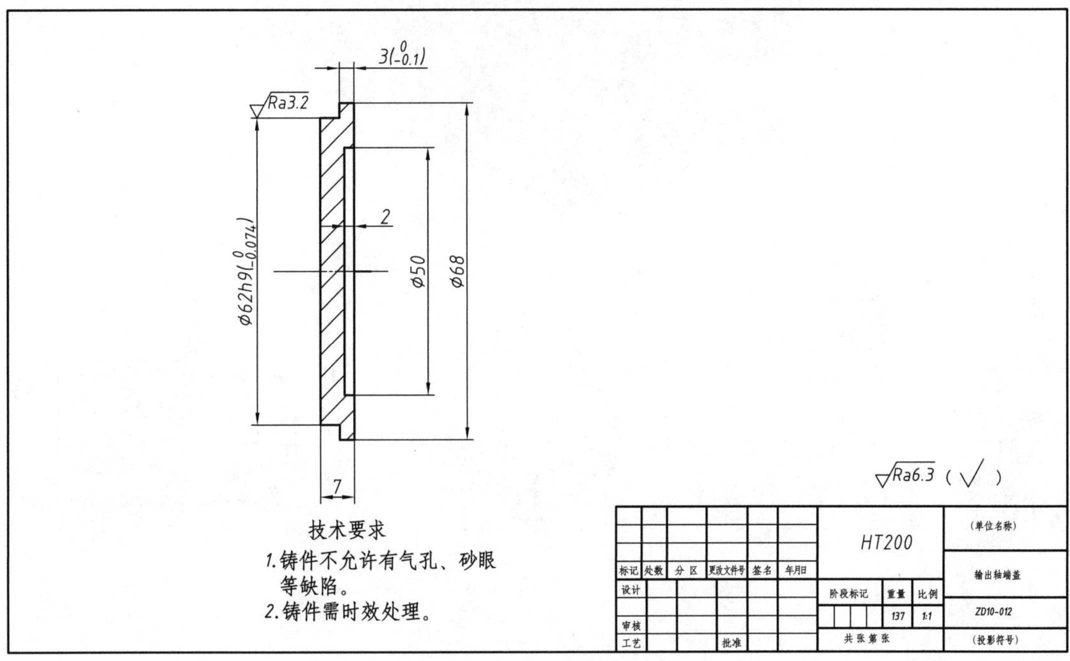

图 5-18　减速器输出轴端盖

第三节　减速器的装配图

1. 仔细分析部件,对所画对象做到心中有数

在画装配图之前,要对现有资料进行整理和分析,进一步搞清部件的用途、性能、结构特点以及各组成部分的相互位置和装配关系,对其完整形状做到心中有数。

2. 确定表达方案

根据装配图的视图选择原则,确定表达方案。装配图需要表达部件的工作原理、传动路线,各零件间的连接关系以及主要零件的形状等。在确定部件的装配图表达方案时,通常先确定其安放位置,再确定主视图的投射方向,然后根据表达需要选择其他视图,最后根据需要选择各视图的表达方法。因此,对该减速器的表达方案可考虑为:

选取 A 向为主视图投射方向。主视图主要表达齿轮箱体、通气塞、螺塞及观油孔等零部件的装配方式与装配关系。在俯视图中表达两齿轮的啮合关系、沿两轴轴向零部件的装配关系及两轴系与齿轮箱体(简称箱体)的装配关系。因此,在俯视图中可将齿轮箱盖(简称箱盖)及其上零件拆去,以便能清晰表达上述结构。左视图只需表达外形即可,如图 5-19 所示。

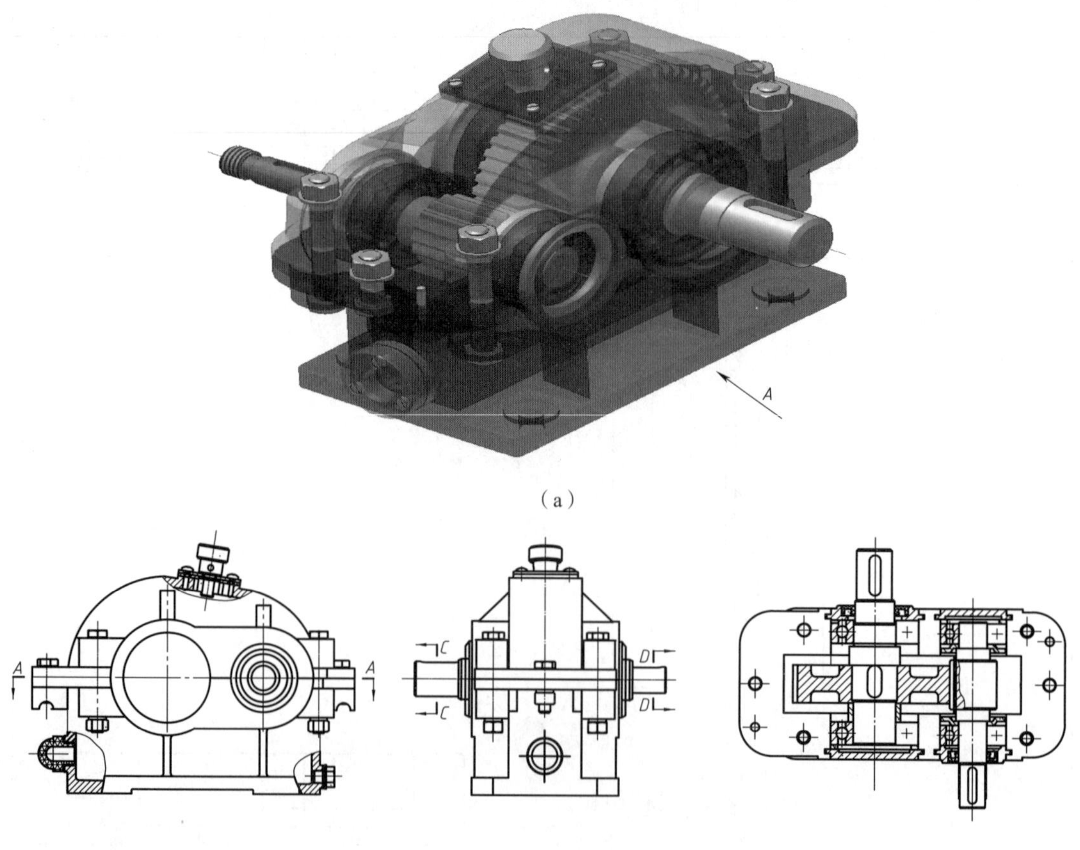

图 5-19　减速器表达方案的选择示意

3. 相关结构及装配关系

在画减速器装配图之前，应搞清其部件上各个结构及零件的装配关系，下面介绍该减速器的有关结构：

(1)两轴系结构。

由于采用直齿圆柱齿轮，不受轴向力，因此两轴均由深沟球轴承支承。轴向位置由两端盖确定，而端盖嵌入箱体上对应槽中，两槽对应轴上装有8个零件，如图5-20所示。其尺寸等于各零件尺寸之和。为了避免积累误差过大，保证装配要求，两轴上各装有一个调整环，装配时选配使其轴向总间隙达到要求(0.10±0.02 mm)。因此，各组测绘的减速器零件不要互相更换，否则会影响装配复原。

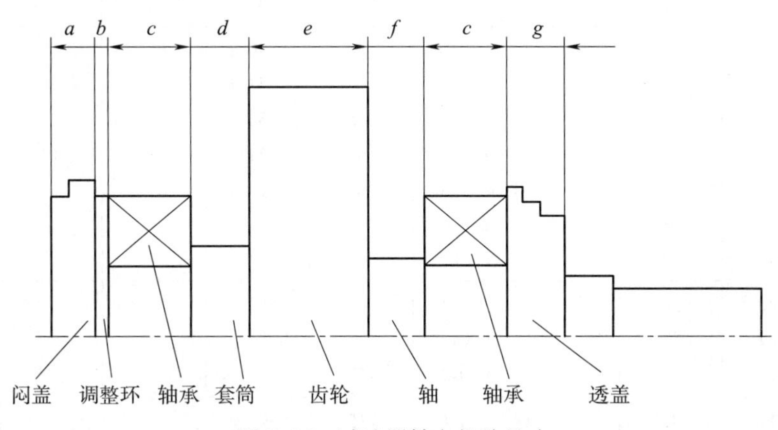

图5-20　减速器轴向相关尺寸

(2)油封装置。

轴从透盖孔中伸出，该孔与轴之间留有一定间隙；为了防止油向外渗漏和异物进入箱体内，端盖内装有毛毡密封圈，此圈紧紧套在轴上，其尺寸和装配关系如图5-21所示，毡圈油封形式和尺寸可查阅表5-2。

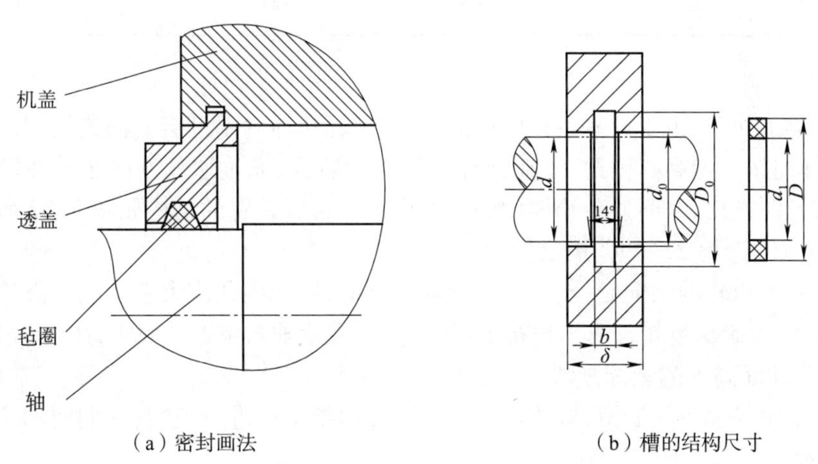

(a)密封画法　　(b)槽的结构尺寸

图5-21　减速器透盖内密封装置

表 5-2　毡圈油封形式和尺寸

轴径 d	毡　圈				槽				
	D	d_1	B	质量/kg	D_0	d_0	b	h_M	
								用于钢	用于铸铁
15	29	14	6	0.0010	28	16	5	10	12
20	33	19		0.0012	32	21			
25	39	24		0.018	38	26			
30	45	29	7	0.0023	44	31	6		
35	49	34		0.0023	48	36			
40	53	89		0.0026	52	41			
45	61	44	8	0.040	60	46	7	12	15
50	69	49		0.054	68	51			
55	74	53		0.060	72	56			
60	80	58		0.0069	78	61			
65	84	63		0.0070	82	66			
70	90	68		0.0079	88	71			
75	94	73		0.0080	92	77			
80	102	78	9	0.011	100	82			
85	107	83		0.012	105	87			
90	112	88		0.012	110	92			
95	117	93	10	0.014	115	97			
100	122	98		0.015	120	102			
105	127	103		0.016	125	107			
110	132	108	10	0.017	130	112	8	15	18
115	137	113		0.018	135	117			
120	142	118		0.018	140	122			
125	147	123		0.018	145	127			

(3)透气装置。

当减速器工作时,由于一些零件摩擦而发热,引起箱体内温度会升高进而引起气体热膨胀,导致箱体内压力增高。因此,需在顶部设计透气装置,通过通气塞的小孔使箱体内的膨胀气体能够及时排出,从而避免箱体内的压力增高。透气装置的结构如图 5-22 所示。

(4)支承环(套筒 22)的作用及尺寸。

支承环用于齿轮的轴向定位,它是空套在轴上的,因此内孔应大于轴径。齿轮端面 A 必须超出轴肩 B,以确保齿轮与支承环接触,从而保证齿轮轴向位置的固定,如图 5-23 所示。

(5)观察油面高度的装配画法。

减速器采用稀油飞溅润滑,箱体内油面通过油面指示片进行观察,它们间的装配画法如图 5-24 所示。

(6)放油螺栓装配画法。

放油螺栓装配画法如图 5-25 所示。

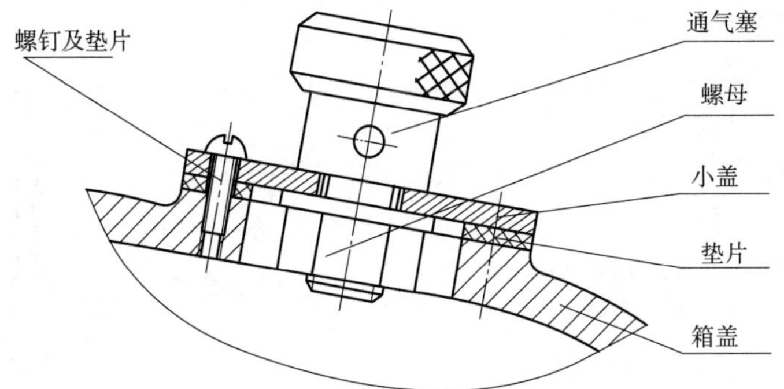

图 5-22　减速器透气装置的画法

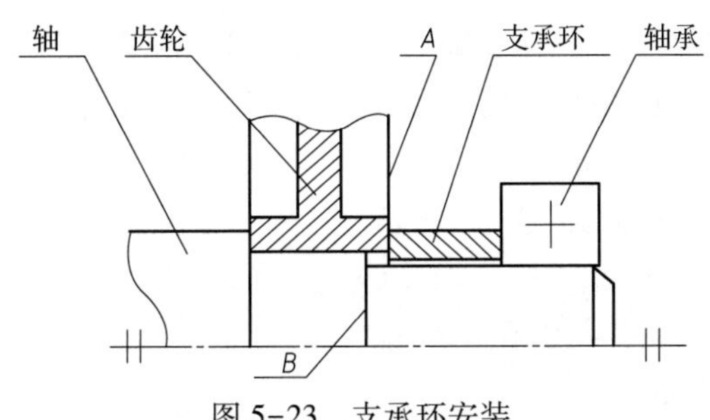

图 5-23　支承环安装

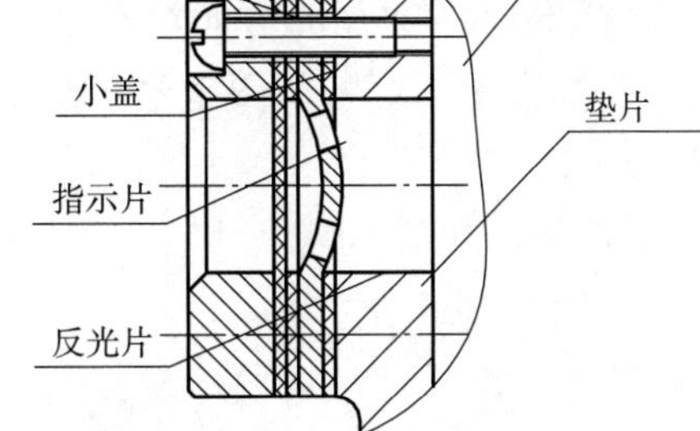

图 5-24　减速器透盖内密封装置

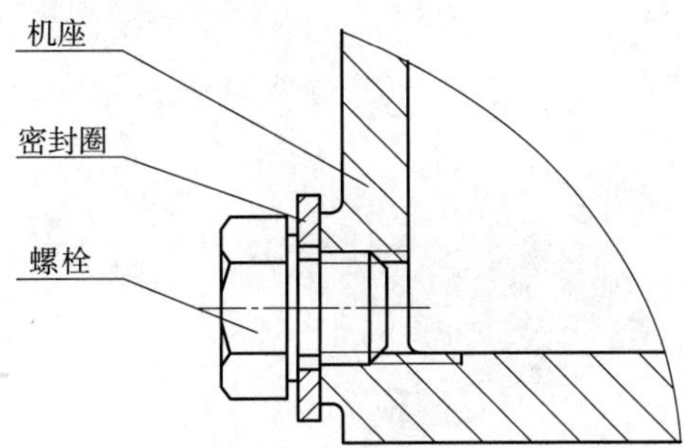

图 5-25　减速器放油螺塞装配画法

(7)螺栓装配画法。

机盖和机座之间用几组螺栓连接件进行连接,其装配画法如图 5-26 所示。

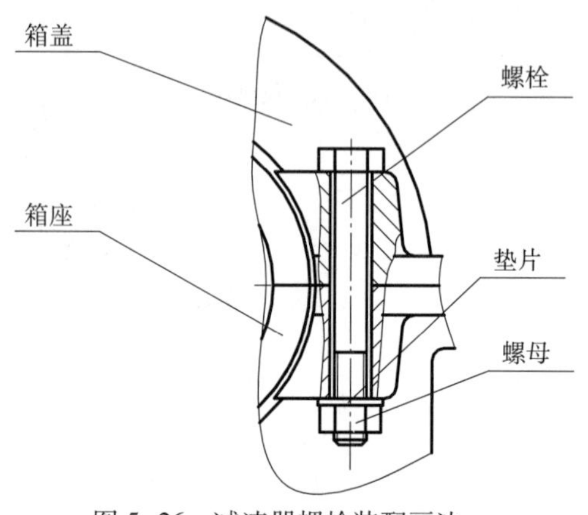

图 5-26　减速器螺栓装配画法

4. 在装配图上要标注出的相关尺寸

装配图上应标注以下 5 类尺寸:

(1)规格性能尺寸。

两轴线中心距:(70±0.08)mm;

中心高:(80±0.1)mm。

(2)装配尺寸。

滚动轴承、齿轮与轴的配合尺寸及公差代号,端盖与箱体孔的配合尺寸及公差代号,例如,

滚动轴承内圈与轴的配合:只标注轴的尺寸 ϕ20/k6、ϕ30/k6;

滚动轴承内圈与轴的配合:只标注孔的尺寸 ϕ47H8、ϕ62J7;

齿轮与轴的配合:ϕ32H7/k6。

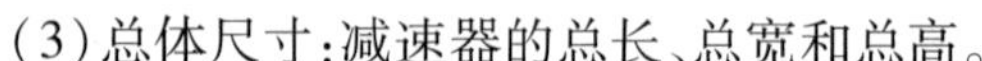
(3)总体尺寸:减速器的总长、总宽和总高。

如:长 230 mm、宽 178 mm、高 174 mm。

(4)安装尺寸:机座上安装孔的孔距尺寸。

如:孔距 134 mm、78 mm。

(5)其他重要尺寸。

5. 序号和明细表

装配图中的序号必须按顺序标出,水平及垂直方向对齐。

明细表位于标题栏的上方,明细表中的序号与图中序号必须一一对应。在编写明细表时注意序号是由下而上顺次填写的。

完成后的单级圆柱齿轮减速器结构和装配图如图 5-27 所示。

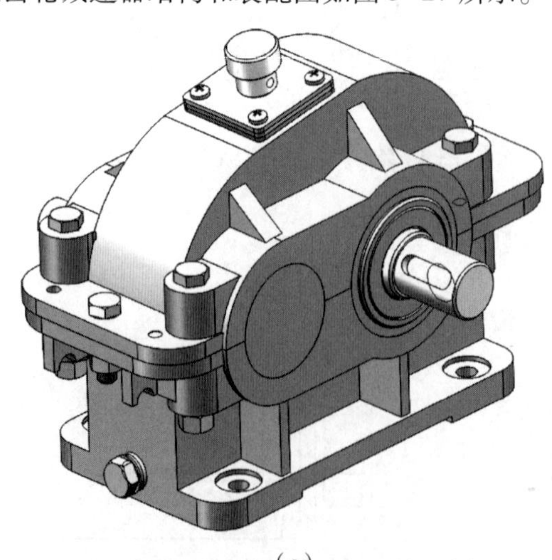

(a)

图 5-27　减速器装配图

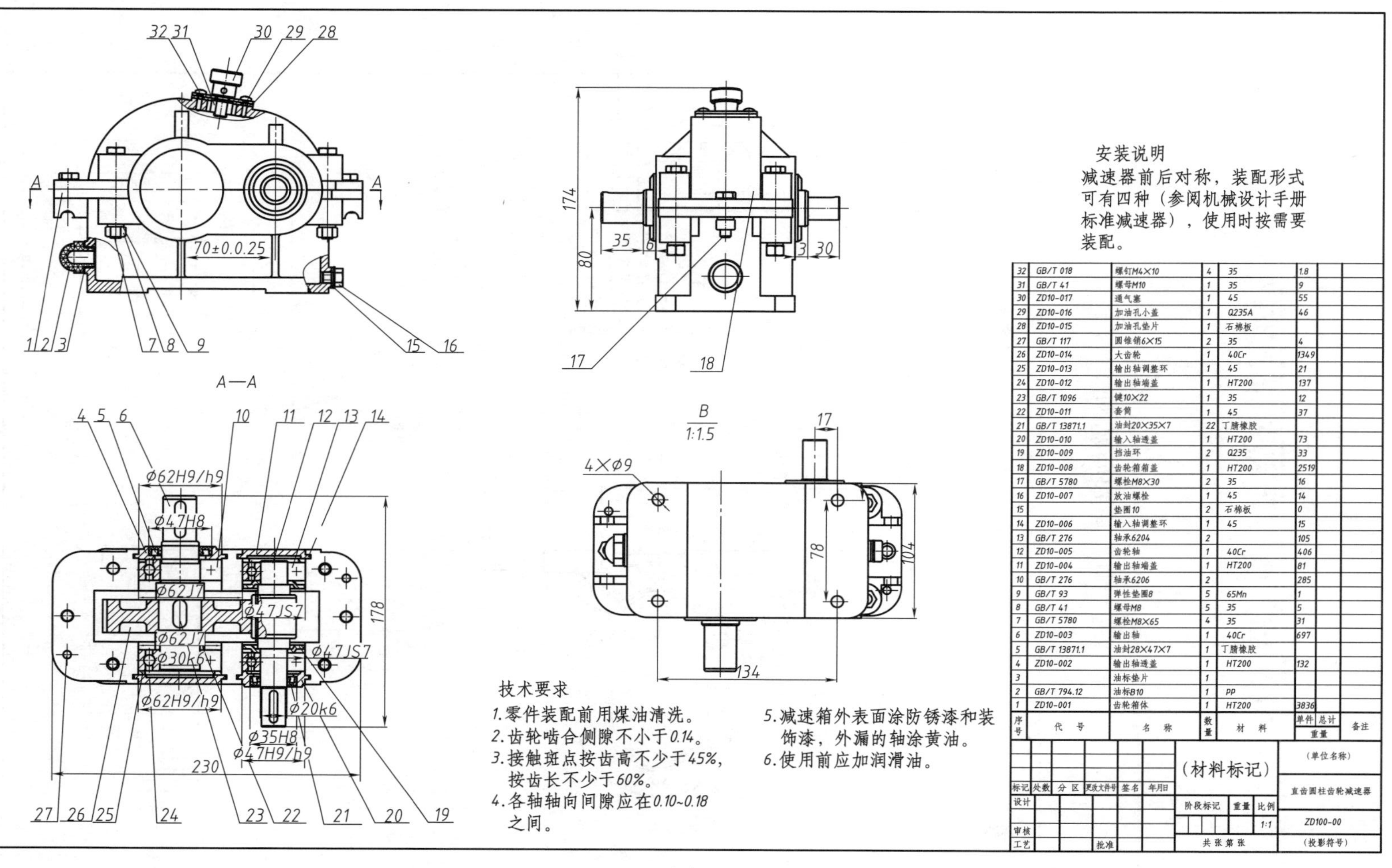

安装说明

减速器前后对称，装配形式可有四种（参阅机械设计手册标准减速器），使用时按需要装配。

序号	代号	名称	数量	材料	单件重量	总计重量	备注
32	GB/T 018	螺钉M4×10	4	35	1.8		
31	GB/T 41	螺母M10	1	35	9		
30	ZD10-017	通气塞	1	45	55		
29	ZD10-016	加油孔小盖	1	Q235A	46		
28	ZD10-015	加油孔垫片	1	石棉板			
27	GB/T 117	圆锥销6×15	2	35	4		
26	ZD10-014	大齿轮	1	40Cr	1349		
25	ZD10-013	输出轴调整环	1	45	21		
24	ZD10-012	输出轴端盖	1	HT200	137		
23	GB/T 1096	键10×22	1	35	12		
22	ZD10-011	套筒	1	45	37		
21	GB/T 13871.1	油封20×35×7	22	丁腈橡胶			
20	ZD10-010	输入轴透盖	1	HT200	73		
19	ZD10-009	挡油环	2	Q235	33		
18	ZD10-008	齿轮箱箱盖	1	HT200	2519		
17	GB/T 5780	螺栓M8×30	2	35	16		
16	ZD10-007	放油螺栓	1	45	14		
15		垫圈10	2	石棉板	0		
14	ZD10-006	输入轴调整环	1	45	15		
13	GB/T 276	轴承6204	2		105		
12	ZD10-005	齿轮轴	1	40Cr	406		
11	ZD10-004	输出轴端盖	1	HT200	81		
10	GB/T 276	轴承6206	2		285		
9	GB/T 93	弹性垫圈8	5	65Mn	1		
8	GB/T 41	螺母M8	5	35	5		
7	GB/T 5780	螺栓M8×65	4	35	31		
6	ZD10-003	输出轴	1	40Cr	697		
5	GB/T 13871.1	油封28×47×7	1	丁腈橡胶			
4	ZD10-002	输出轴透盖	1	HT200	132		
3		油标垫片	1				
2	GB/T 794.12	油标B10	1	PP			
1	ZD10-001	齿轮箱体	1	HT200	3836		

标记	处数	分 区	更改文件号	签名	年月日	（材料标记）	（单位名称）
设计						阶段标记 重量 比例 1:1	直齿圆柱齿轮减速器
审核							ZD100-00
工艺			批准			共 张 第 张	（投影符号）

技术要求

1.零件装配前用煤油清洗。
2.齿轮啮合侧隙不小于0.14。
3.接触斑点按齿高不少于45%，按齿长不少于60%。
4.各轴轴向间隙应在0.10~0.18之间。
5.减速箱外表面涂防锈漆和装饰漆，外漏的轴涂黄油。
6.使用前应加润滑油。

（b）

图 5-27 减速器装配图(续)

第六章　典型机械产品测绘图解

第一节　齿轮油泵测绘图解

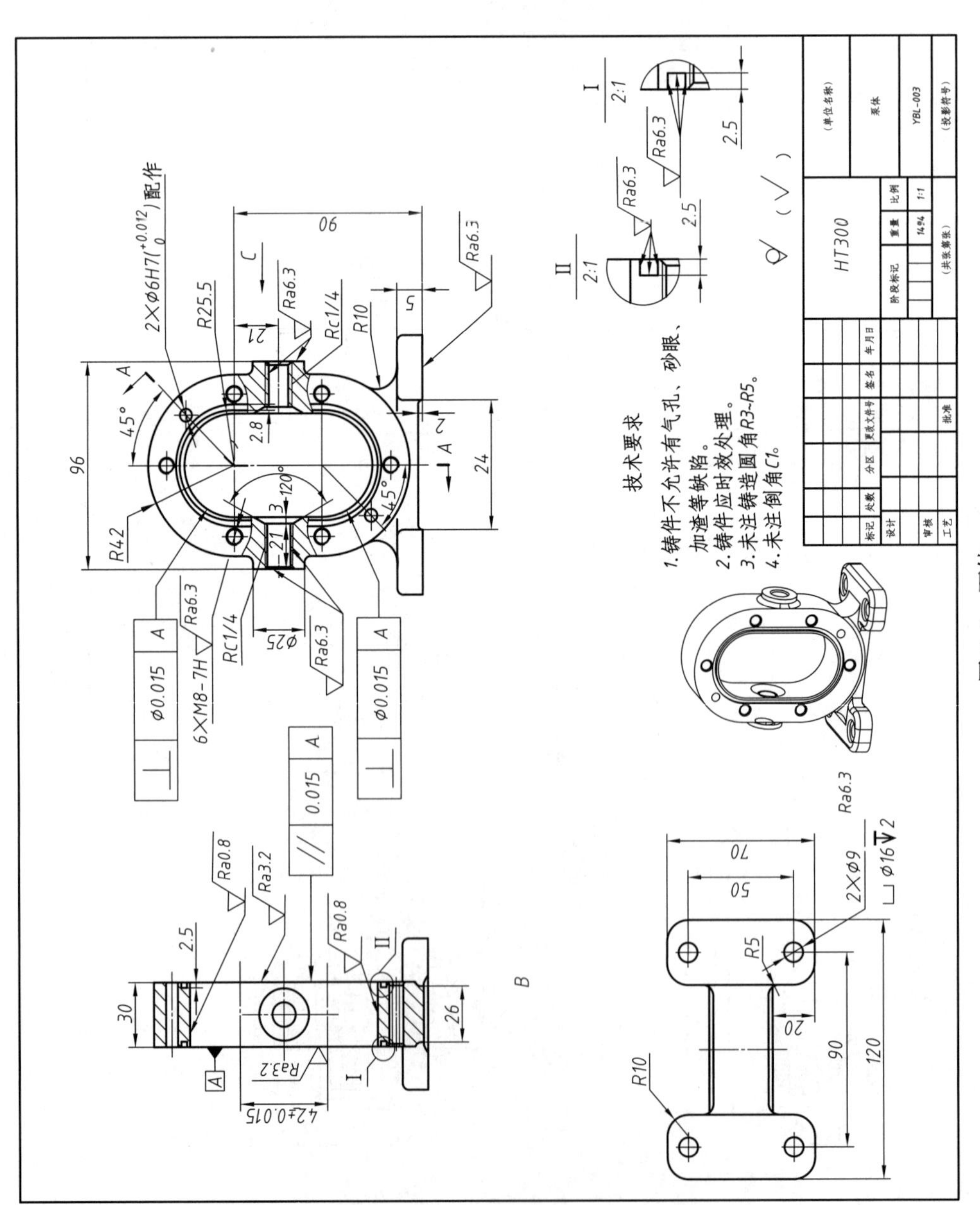

图 6-1　泵体

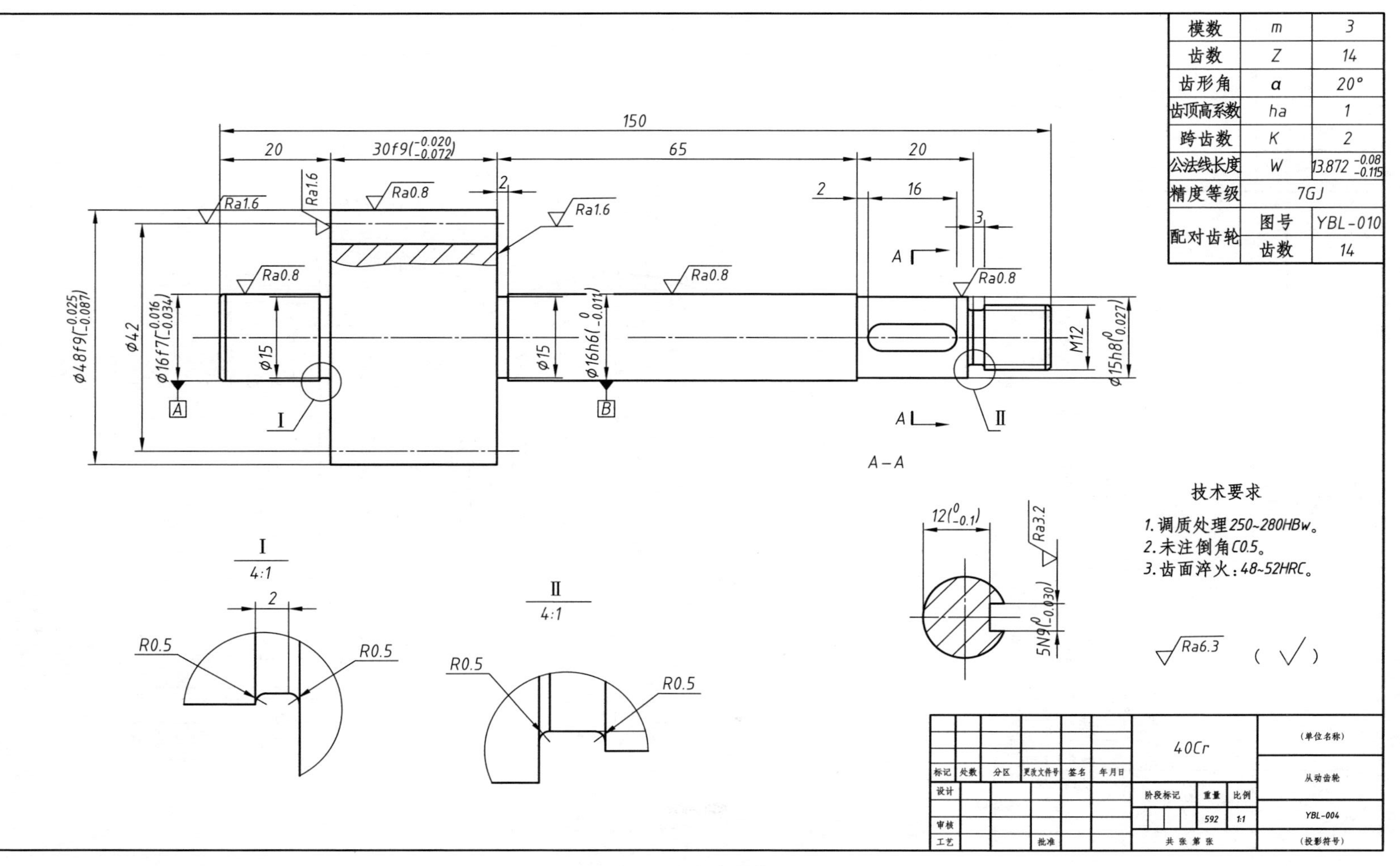
模数 m 3
齿数 Z 14
齿形角 α 20°
齿顶高系数 ha 1
跨齿数 K 2
公法线长度 W 13.872 -0.08 -0.115
精度等级 7GJ
配对齿轮 图号 YBL-010
齿数 14
150
20
30f9(-0.020 -0.072)
65
20
2
16
3
2
Ra1.6
Ra1.6
Ra0.8
Ra1.6
Ra0.8
Ra0.8
Ra0.8
φ48f9(-0.025 -0.087)
φ42
φ16f7(-0.016 -0.034)
φ15
φ15
φ16h6(0 -0.011)
M12
φ15h8(0 -0.027)
A
B
I
II
A
A
A-A
技术要求
1. 调质处理250~280HBw。
2. 未注倒角C0.5。
3. 齿面淬火：48~52HRC。
12(0 -0.1)
Ra3.2
5N9(0 -0.030)
Ra6.3
(√)
I
4:1
2
R0.5
R0.5
II
4:1
R0.5
R0.5
40Cr
(单位名称)
从动齿轮
YBL-004
(投影符号)
标记 处数 分区 更改文件号 签名 年月日
设计
审核
工艺
批准
阶段标记 重量 比例
592 1:1
共 张 第 张

图 6-2　从动齿轮

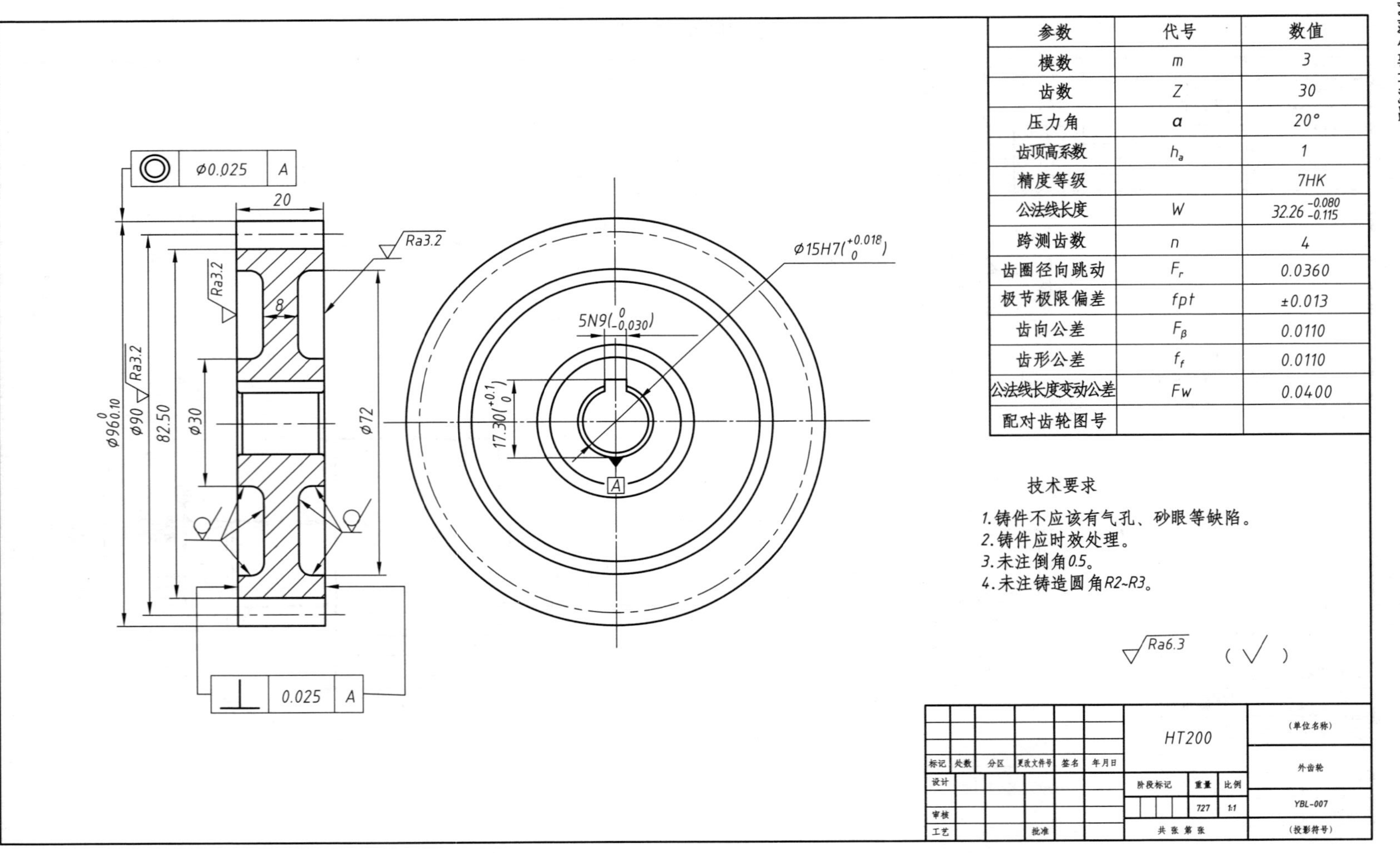

参数 | 代号 | 数值
模数 | m | 3
齿数 | Z | 30
压力角 | α | 20°
齿顶高系数 | h_a | 1
精度等级 | | 7HK
公法线长度 | W | $32.26^{-0.080}_{-0.115}$
跨测齿数 | n | 4
齿圈径向跳动 | F_r | 0.0360
极节极限偏差 | fpt | ±0.013
齿向公差 | F_β | 0.0110
齿形公差 | f_f | 0.0110
公法线长度变动公差 | Fw | 0.0400
配对齿轮图号
技术要求
1.铸件不应该有气孔、砂眼等缺陷。
2.铸件应时效处理。
3.未注倒角0.5。
4.未注铸造圆角R2~R3。
Ra6.3 (√)
HT200
(单位名称)
外齿轮
YBL-007
(投影符号)
标记 处数 分区 更改文件号 签名 年月日
设计
审核
工艺
批准
阶段标记 重量 比例
727 1:1
共 张 第 张
Ø15H7($^{+0.018}_{0}$)
5N9($^{0}_{-0.030}$)
17.30($^{+0.1}_{0}$)
A
Ra3.2
Ø72
Ø0.025 A
20
8
0.025 A
Ø30
82.50
Ø90 Ra3.2
Ø96$^{0}_{-0.10}$

图 6-3 外齿轮

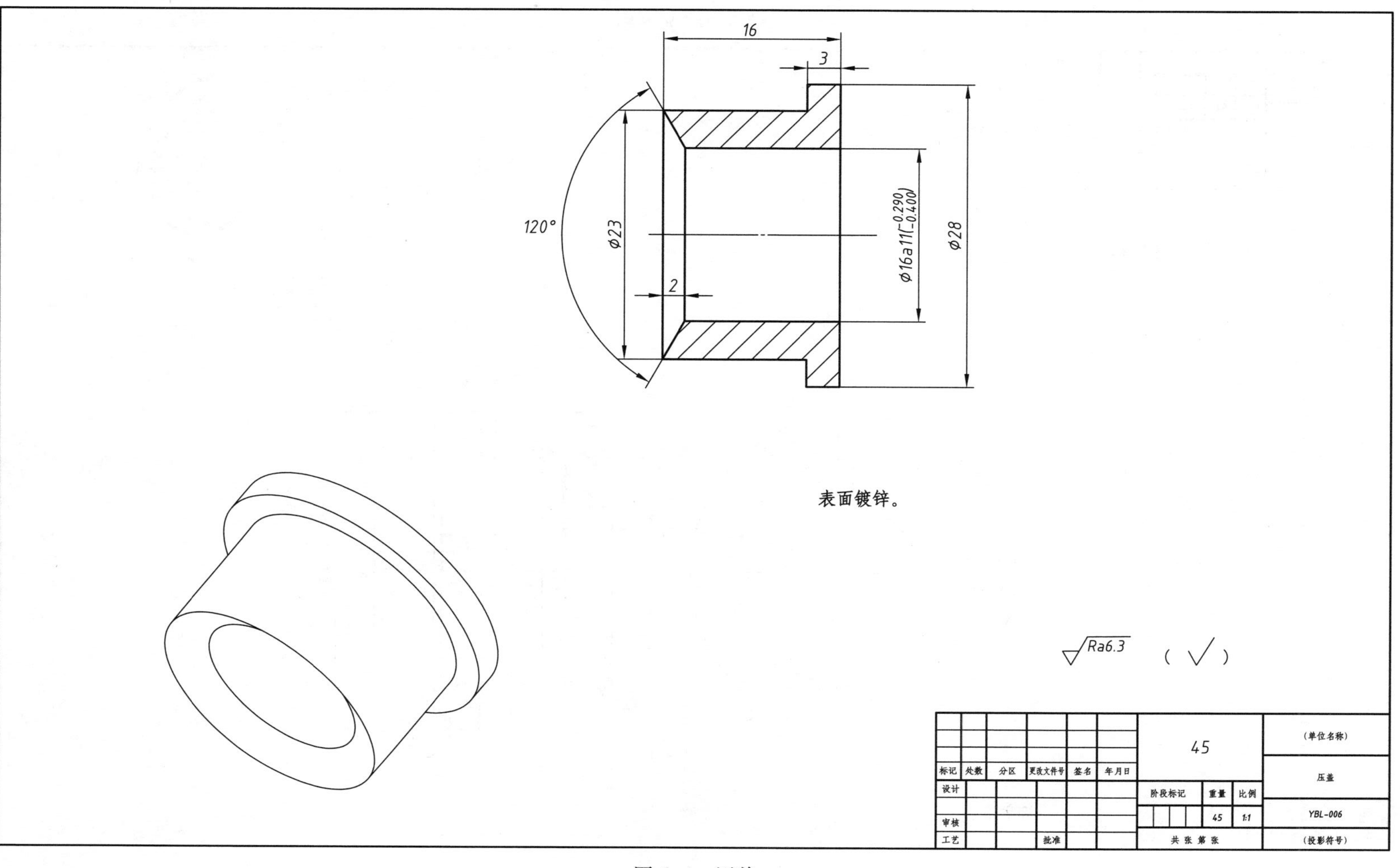
16
3
120°
Φ23
2
Φ16a11($^{-0.290}_{-0.400}$)
Φ28
表面镀锌。
Ra6.3
（√）
标记
处数
分区
更改文件号
签名
年月日
设计
审核
工艺
批准
45
阶段标记
重量
比例
45
1:1
共 张 第 张
(单位名称)
压盖
YBL-006
(投影符号)

图 6-4　压盖

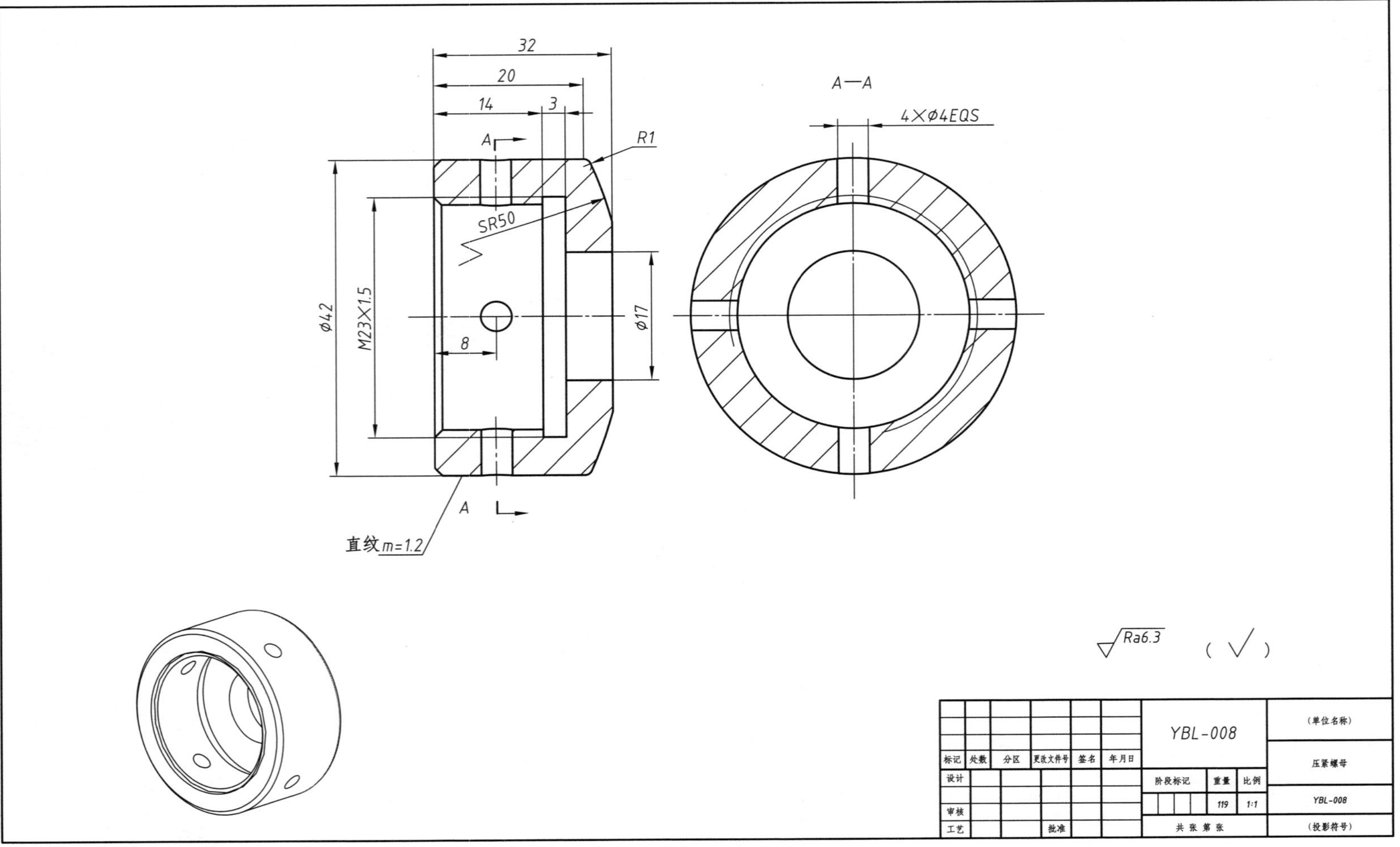
32
20
14
3
A
R1
SR50
Φ42
M23X1.5
8
Φ17
A
直纹m=1.2
A—A
4XΦ4EQS
Ra6.3
(√)
YBL-008
(单位名称)
压紧螺母
标记 处数 分区 更改文件号 签名 年月日
设计
审核
工艺
批准
阶段标记
重量
比例
119
1:1
YBL-008
共 张 第 张
(投影符号)

图 6-5 压紧螺母

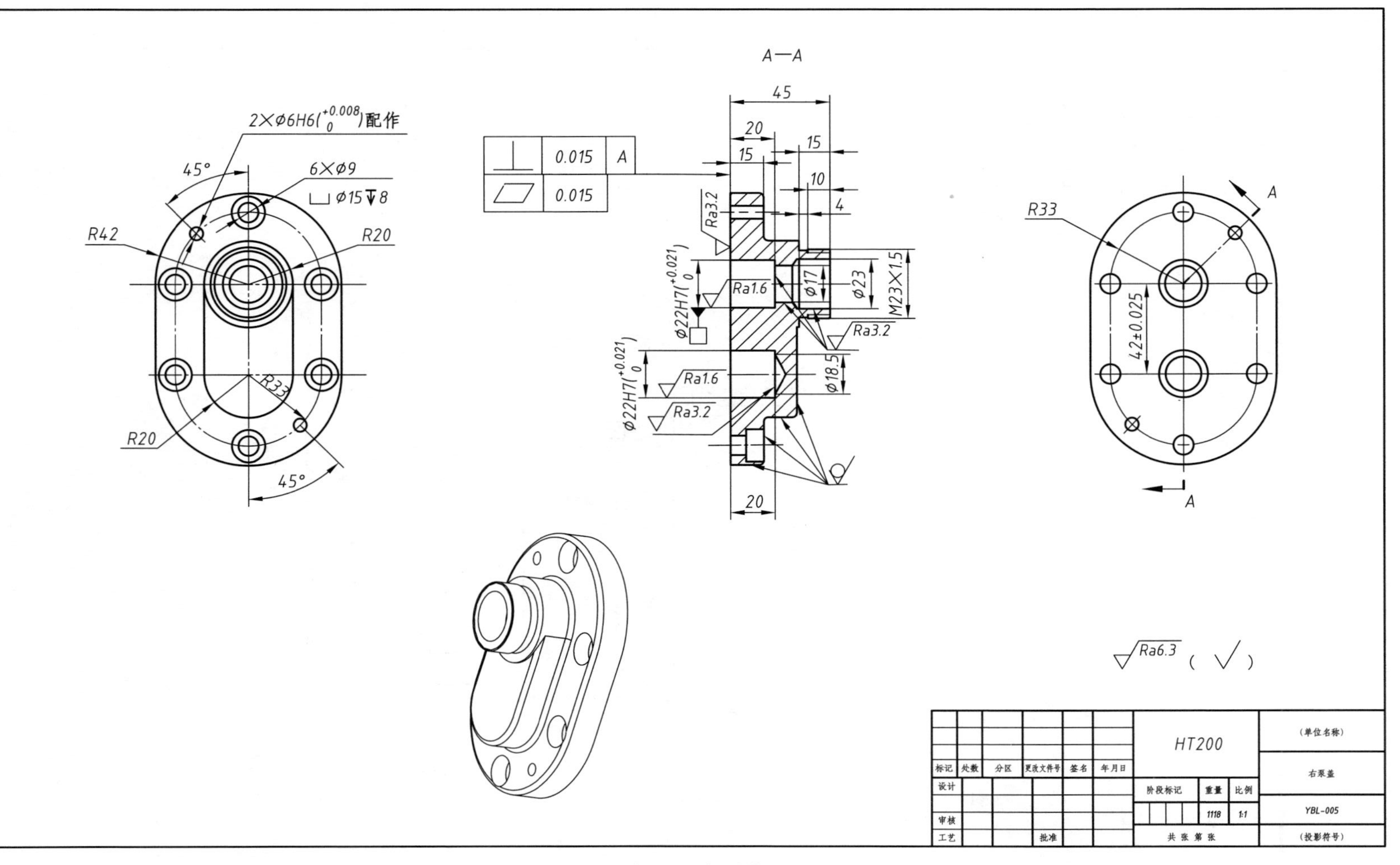
A—A
2×Ø6H6($^{+0.008}_{0}$)配作
45°
6×Ø9
⌴Ø15↧8
R42
R20
R33
R20
45°
0.015 A
0.015
45
20
15
15
10
4
Ra3.2
Ø22H7($^{+0.021}_{0}$)
Ra1.6
Ø17
Ø23
M23×1.5
Ra3.2
Ø18.5
Ra1.6
Ra3.2
20
R33
A
42±0.025
A
Ra6.3 (√)
HT200
(单位名称)
右泵盖
YBL-005
(投影符号)
标记 处数 分区 更改文件号 签名 年月日
设计
审核
工艺
批准
阶段标记 重量 比例
1118 1:1
共 张 第 张

图 6-6 右泵盖

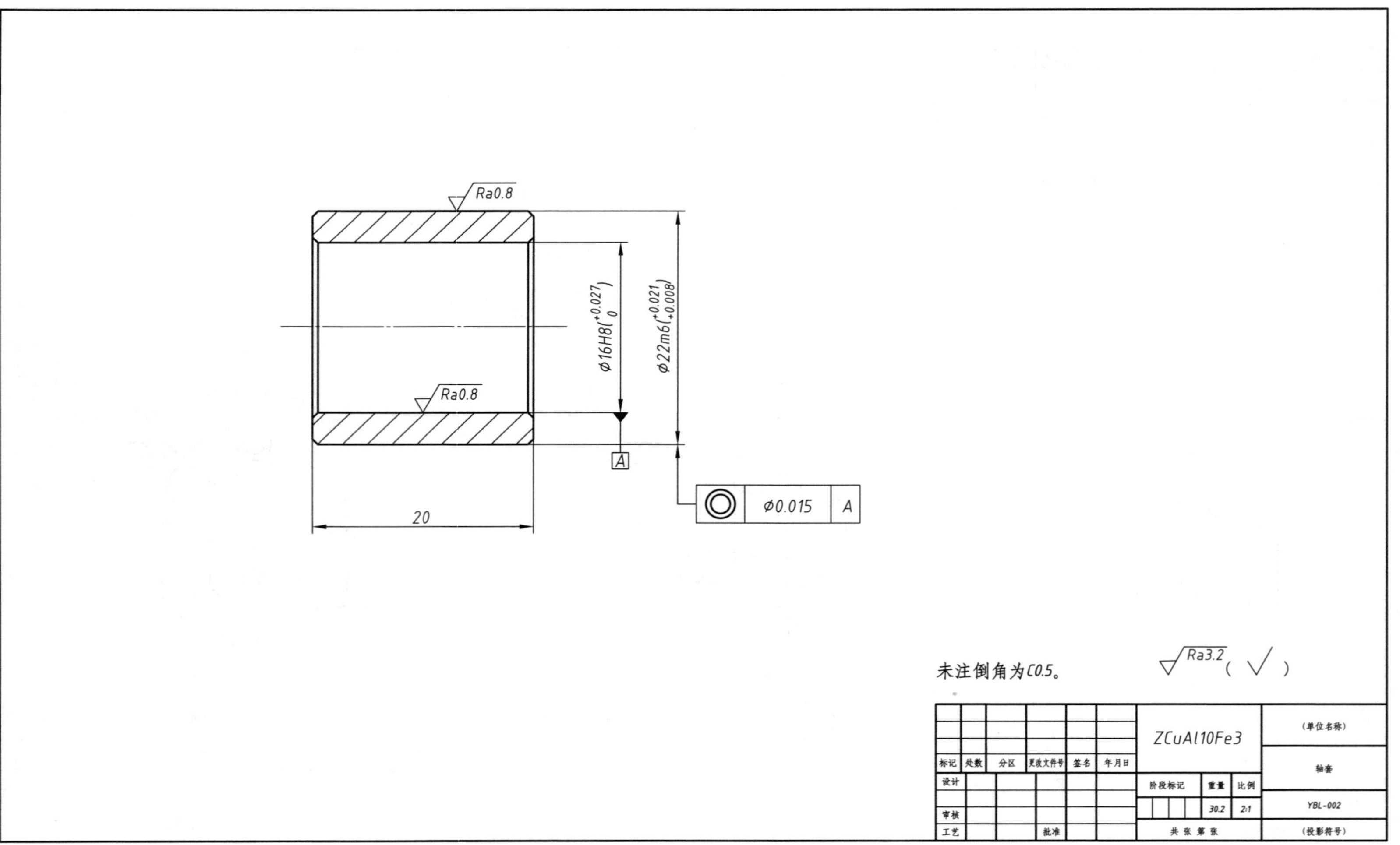

Ra0.8
Ra0.8
φ16H8($^{+0.027}_{0}$)
φ22m6($^{+0.021}_{+0.008}$)
A
20
φ0.015
A
未注倒角为C0.5。
Ra3.2 (√)
ZCuAl10Fe3
(单位名称)
轴套
YBL-002
(投影符号)
标记 处数 分区 更改文件号 签名 年月日
设计
审核
工艺
批准
阶段标记
重量
比例
30.2
2:1
共 张 第 张

图6-7 轴套

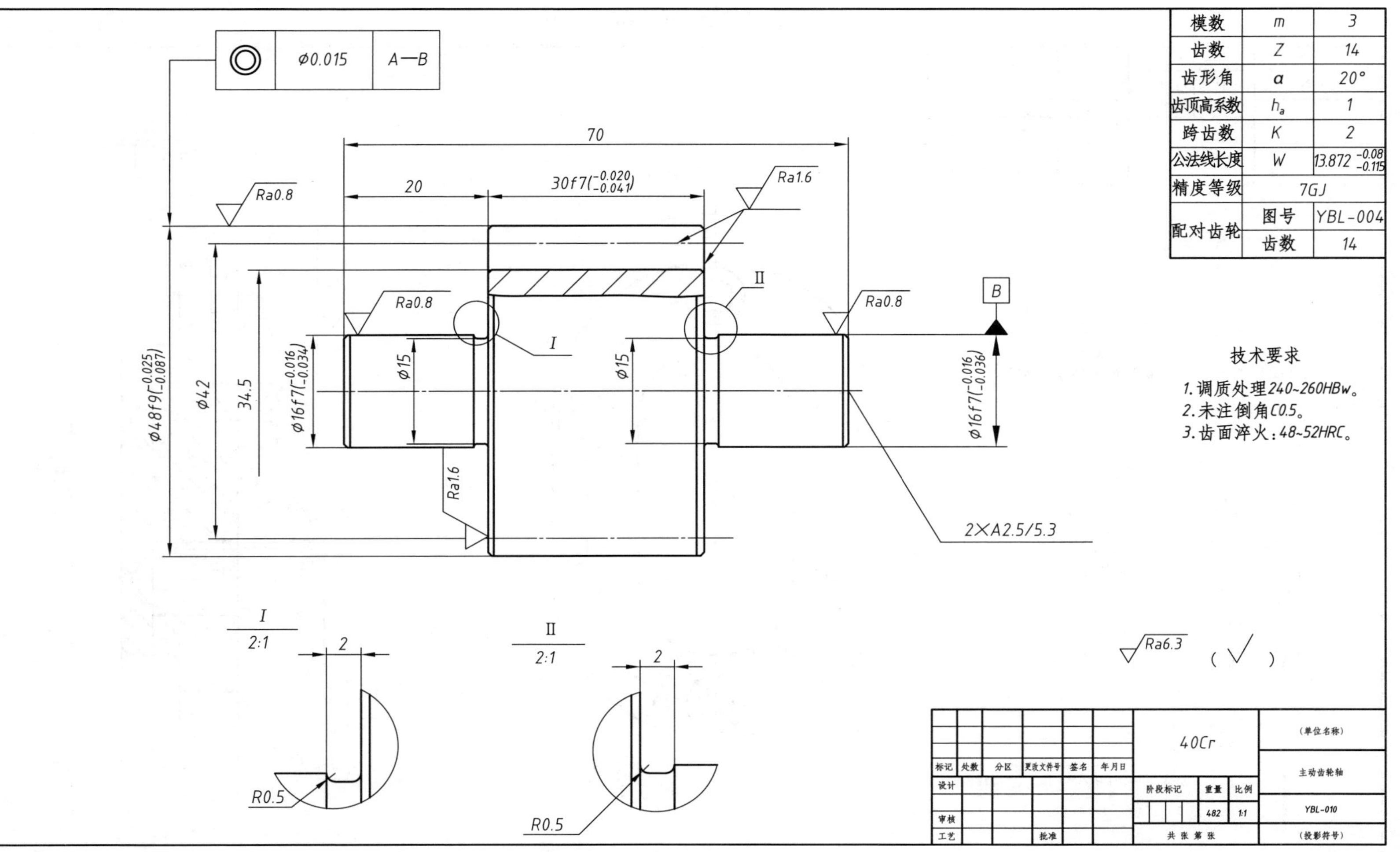
模数 m 3
齿数 Z 14
齿形角 α 20°
齿顶高系数 h_a 1
跨齿数 K 2
公法线长度 W 13.872 -0.08 -0.115
精度等级 7GJ
配对齿轮 图号 YBL-004
齿数 14
技术要求
1. 调质处理240-260HBw。
2. 未注倒角C0.5。
3. 齿面淬火:48-52HRC。
Ra6.3 (√)
2×A2.5/5.3
Φ16f7(-0.016 -0.036)
Φ16f7(-0.016 -0.034)
Φ15
Φ42
Φ48f9(-0.025 -0.087)
34.5
70
20
30f7(-0.020 -0.041)
Ra0.8
Ra1.6
Ⓞ Φ0.015 A—B
B
I 2:1
II 2:1
R0.5
2
40Cr
主动齿轮轴
YBL-010
482
1:1

图 6-8 主动齿轮轴

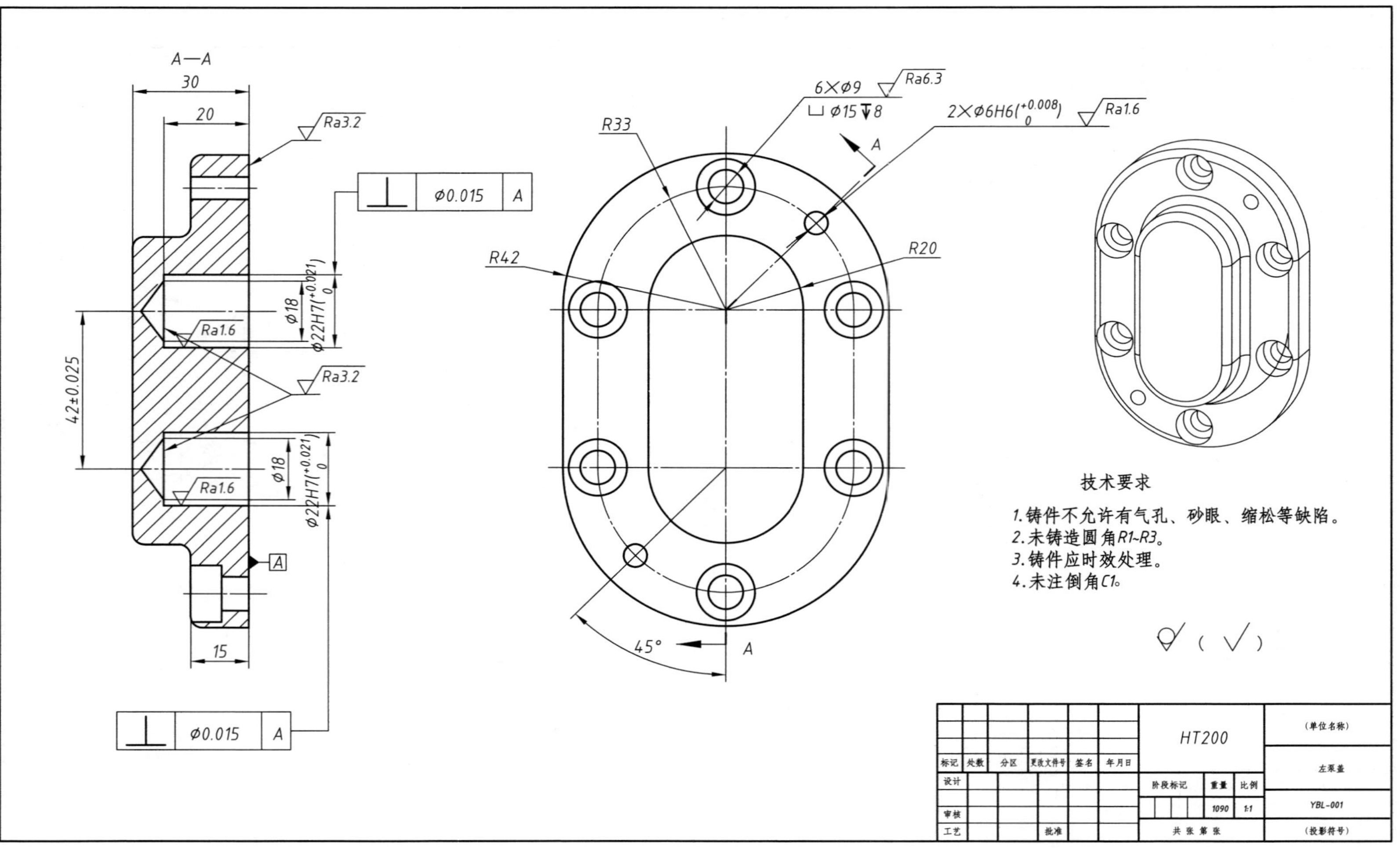
A—A
30
20
Ra3.2
Φ0.015
A
Φ18
Φ22H7(+0.021 0)
Ra1.6
42±0.025
15
6×Φ9
⌴Φ15↧8
Ra6.3
2×Φ6H6(+0.008 0)
R33
R42
R20
45°
技术要求
1.铸件不允许有气孔、砂眼、缩松等缺陷。
2.未铸造圆角R1~R3。
3.铸件应时效处理。
4.未注倒角C1。
HT200
(单位名称)
左泵盖
YBL-001
(投影符号)
标记 处数 分区 更改文件号 签名 年月日
设计
审核
工艺
批准
阶段标记 重量 比例
1090 1:1
共 张 第 张

图 6-9 左泵盖

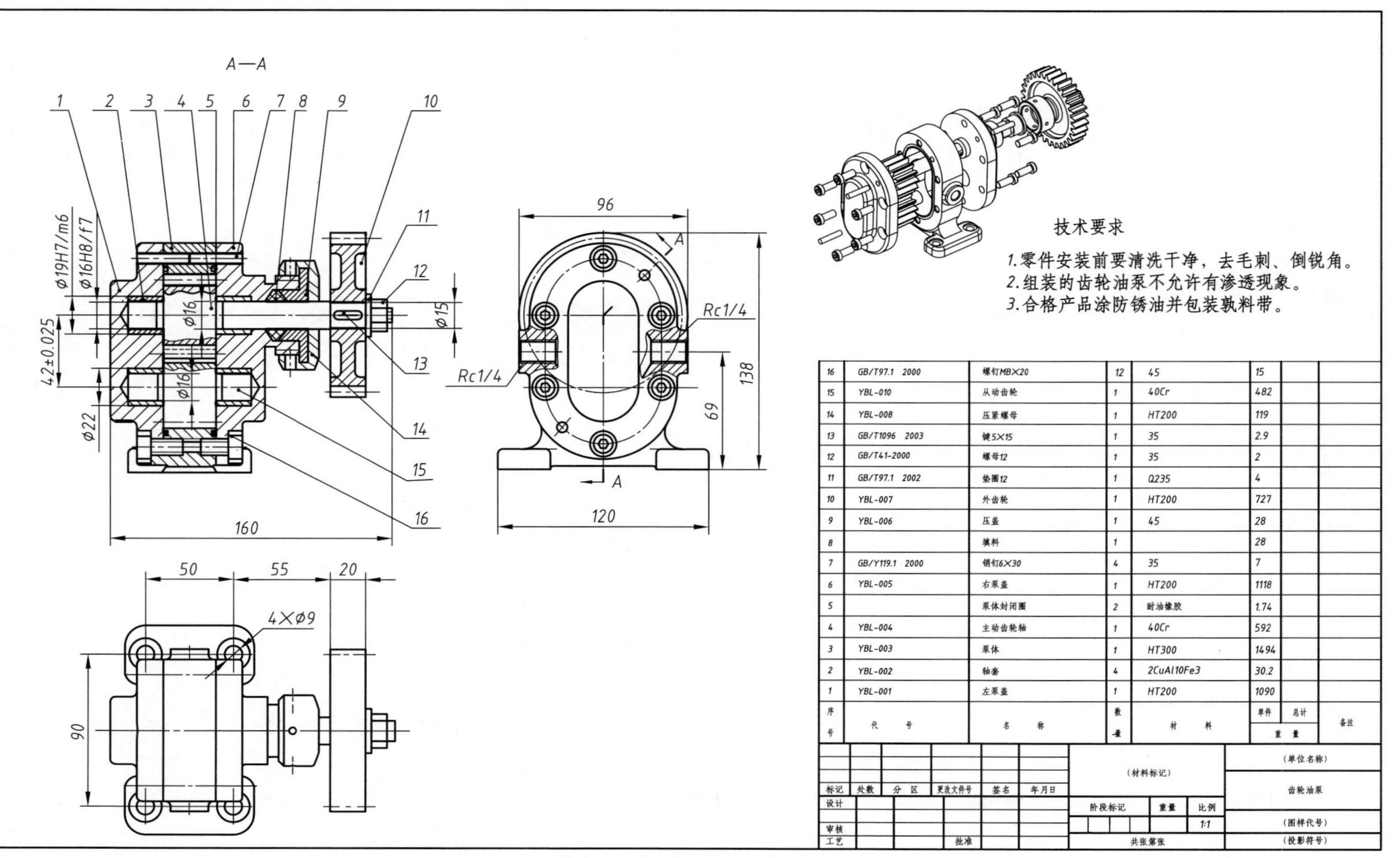

序号	代号	名称	数量	材料	单件重量	总计重量	备注
16	GB/T97.1 2000	螺钉M8×20	12	45	15		
15	YBL-010	从动齿轮	1	40Cr	482		
14	YBL-008	压紧螺母	1	HT200	119		
13	GB/T1096 2003	键5×15	1	35	2.9		
12	GB/T41-2000	螺母12	1	35	2		
11	GB/T97.1 2002	垫圈12	1	Q235	4		
10	YBL-007	外齿轮	1	HT200	727		
9	YBL-006	压盖	1	45	28		
8		填料	1		28		
7	GB/Y119.1 2000	销钉6×30	4	35	7		
6	YBL-005	右泵盖	1	HT200	1118		
5		泵体封闭圈	2	耐油橡胶	1.74		
4	YBL-004	主动齿轮轴	1	40Cr	592		
3	YBL-003	泵体	1	HT300	1494		
2	YBL-002	轴套	4	2CuAl10Fe3	30.2		
1	YBL-001	左泵盖	1	HT200	1090		

标记	处数	分区	更改文件号	签名	年月日
设计					
审核					
工艺			批准		

(材料标记)			(单位名称)
阶段标记	重量	比例	齿轮油泵
		1:1	(图样代号)
共张第张			(投影符号)

图 6-10　齿轮油泵装配体

第二节　可调顶尖座体测绘图解

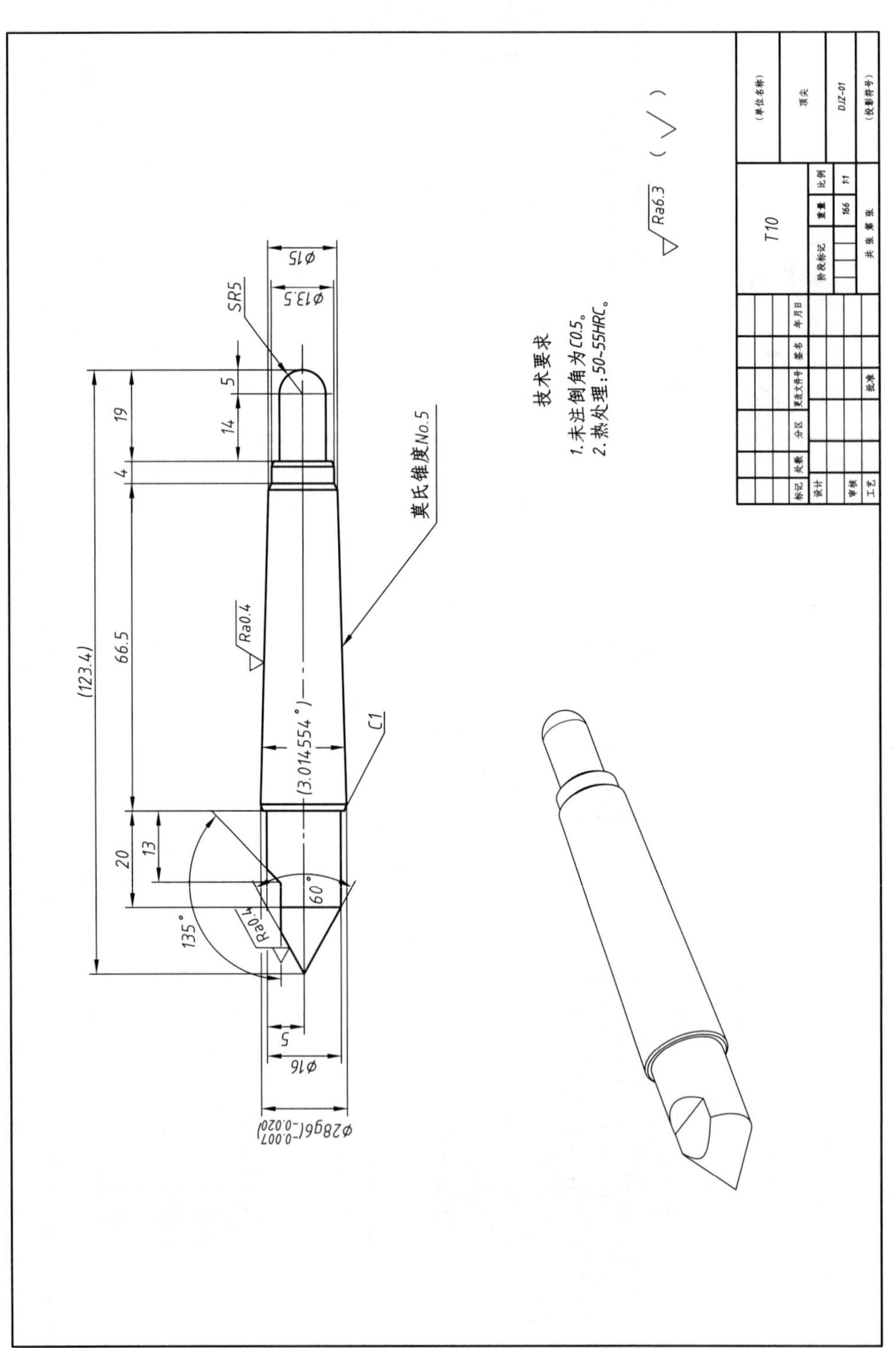

图 6-11　顶尖

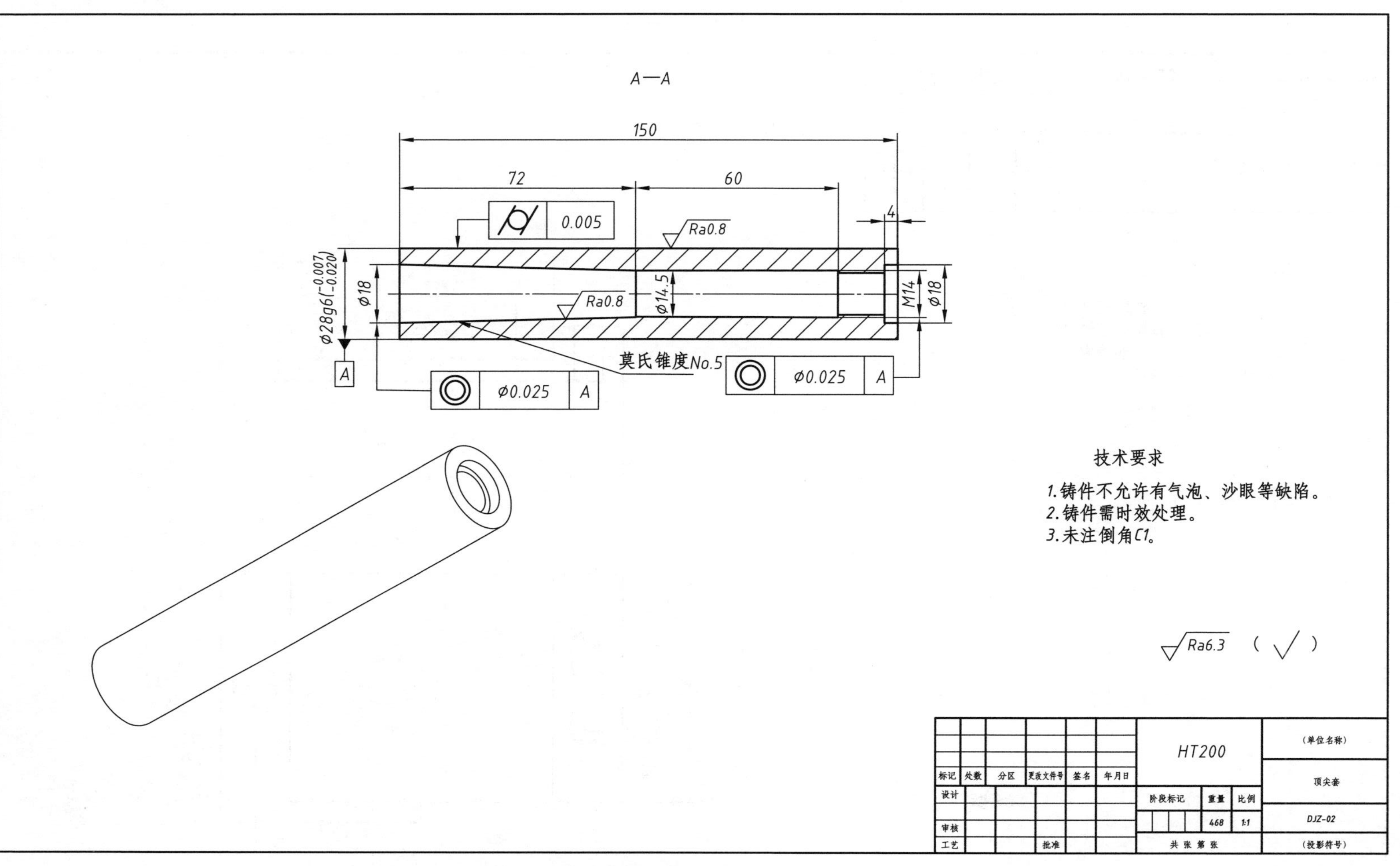

A—A
150
60
72
4
M14
φ18
φ18
φ14.5
Ra0.8
Ra0.8
莫氏锥度No.5
φ0.025 A
φ0.025 A
0.005
φ28g6(-0.007 -0.020)
A
技术要求
1.铸件不允许有气泡、沙眼等缺陷。
2.铸件需时效处理。
3.未注倒角C1。
Ra6.3 (√)
HT200
(单位名称)
顶尖套
DJZ-02
(投影符号)
标记 处数 分区 更改文件号 签名 年月日
设计
审核
工艺
批准
阶段标记 重量 比例
468 1:1
共 张 第 张

图 6-12　顶尖套

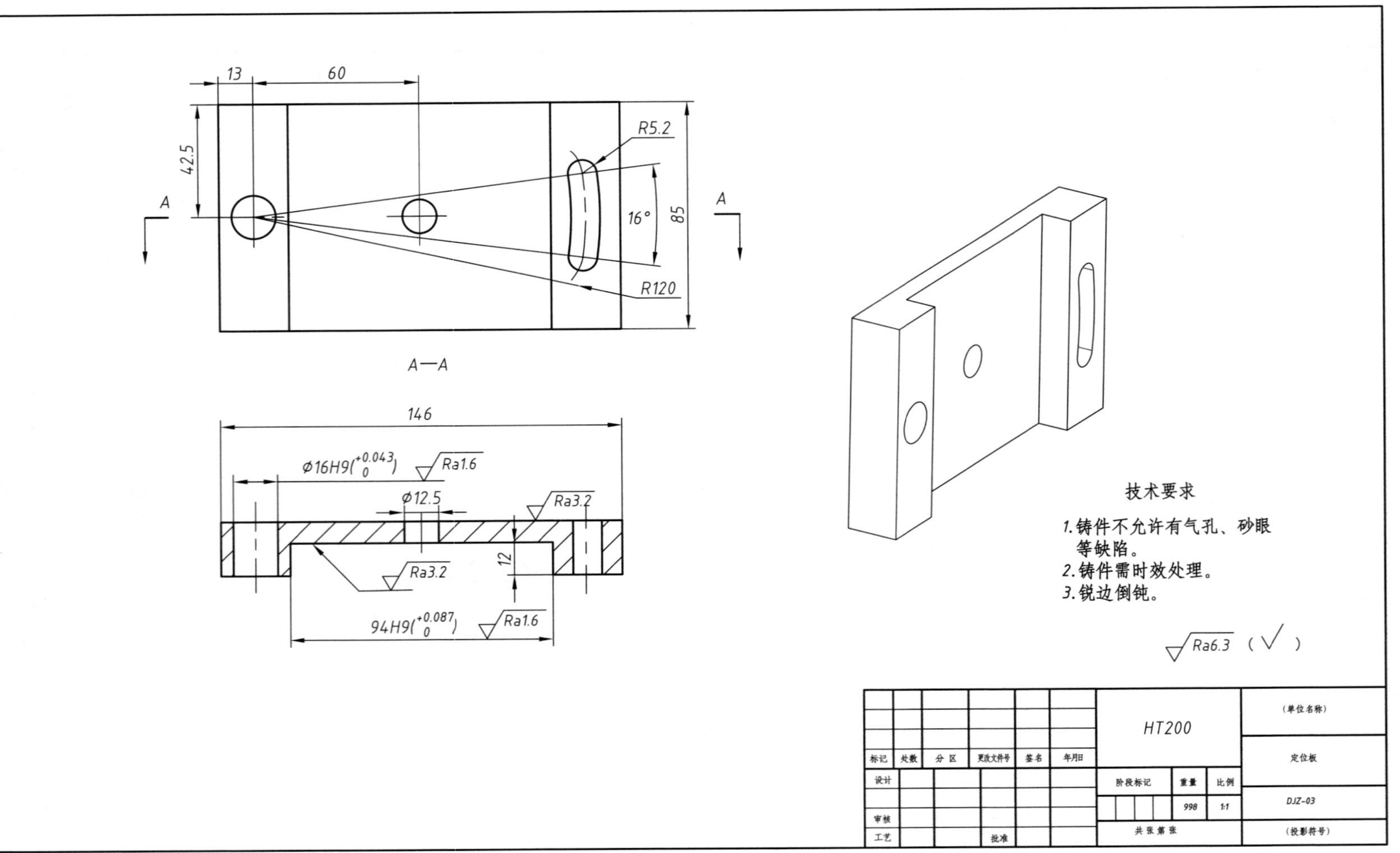
13
60
42.5
A
R5.2
16°
85
R120
A—A
146
Ø16H9($^{+0.043}_{0}$)
Ra1.6
Ø12.5
Ra3.2
Ra3.2
12
94H9($^{+0.087}_{0}$)
Ra1.6
技术要求
1.铸件不允许有气孔、砂眼等缺陷。
2.铸件需时效处理。
3.锐边倒钝。
Ra6.3（√）
标记
处数
分区
更改文件号
签名
年月日
设计
审核
工艺
批准
HT200
阶段标记
重量
比例
998
1:1
共 张 第 张
（单位名称）
定位板
DJZ-03
（投影符号）

图 6-13 定位板

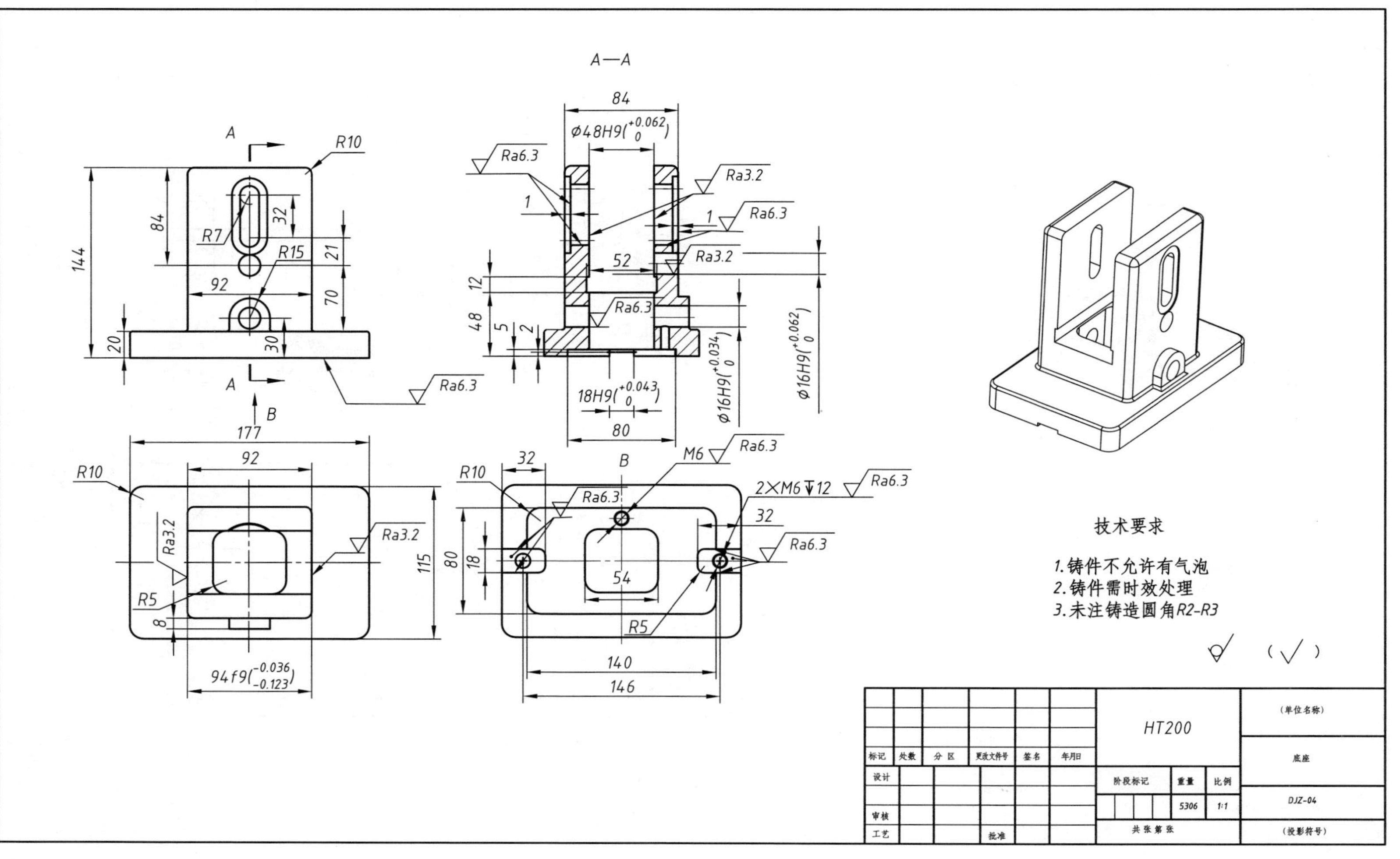
A—A
技术要求
1.铸件不允许有气泡
2.铸件需时效处理
3.未注铸造圆角R2-R3
HT200
(单位名称)
底座
DJZ-04
(投影符号)
标记 处数 分区 更改文件号 签名 年月日
设计
审核
工艺
批准
阶段标记 重量 比例
5306 1:1
共 张 第 张
2×M6▼12

图 6-14　底座

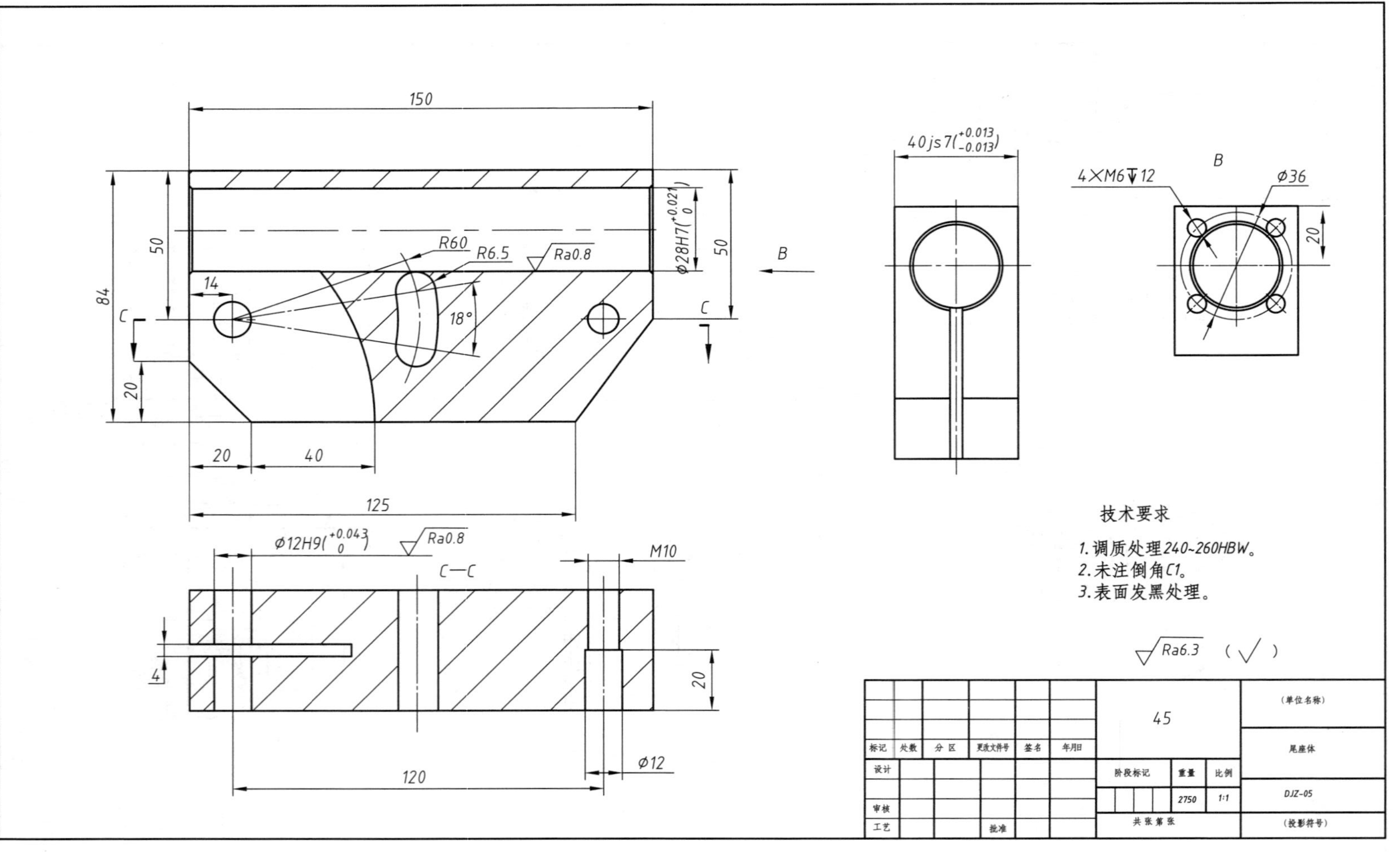
150
84
50
50
R60
R6.5
Ra0.8
Φ28H7(+0.021 0)
B
14
C
C
18°
20
20
40
125
40js7(+0.013 -0.013)
4×M6↧12
B
Φ36
20
Φ12H9(+0.043 0)
Ra0.8
C—C
M10
4
20
120
Φ12
技术要求
1.调质处理240~260HBW。
2.未注倒角C1。
3.表面发黑处理。
Ra6.3 （√）
45
(单位名称)
尾座体
DJZ-05
(投影符号)
标记
处数
分区
更改文件号
签名
年月日
设计
审核
工艺
批准
阶段标记
重量
比例
2750
1:1
共张第张

图 6-15 尾座体

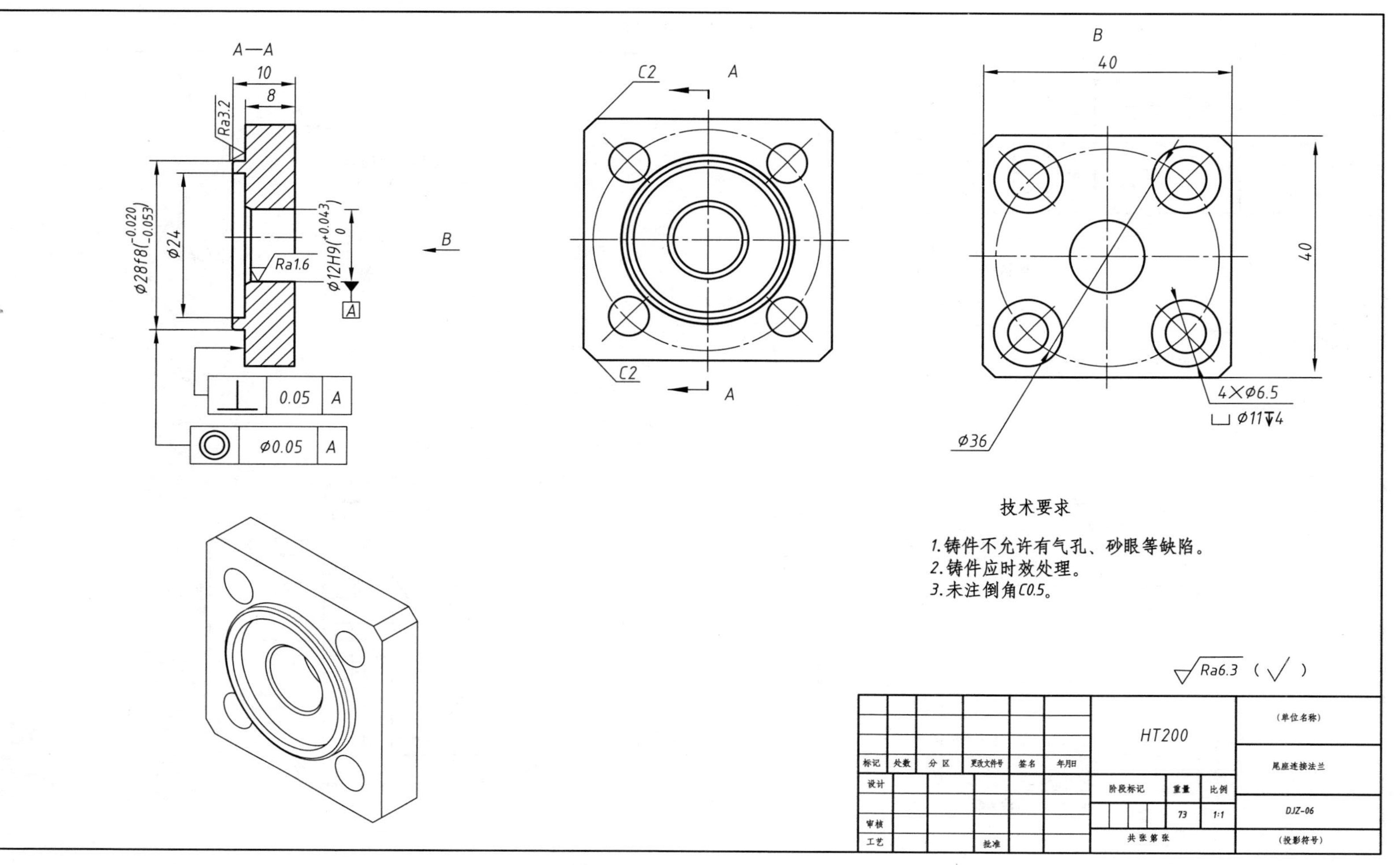
A—A
10
8
Ra3.2
Φ28f8(-0.020 -0.053)
Φ24
Ra1.6
Φ12H9(+0.043 0)
A
0.05 A
Φ0.05 A
B
C2
A
B
40
40
4×Φ6.5
⌴Φ11↧4
Φ36
技术要求
1.铸件不允许有气孔、砂眼等缺陷。
2.铸件应时效处理。
3.未注倒角C0.5。
Ra6.3 (√)
HT200
(单位名称)
尾座连接法兰
DJZ-06
(投影符号)
阶段标记
重量
比例
73
1:1
共 张 第 张
标记
处数
分 区
更改文件号
签名
年月日
设计
审核
工艺
批准

图 6-16　尾座连接法兰

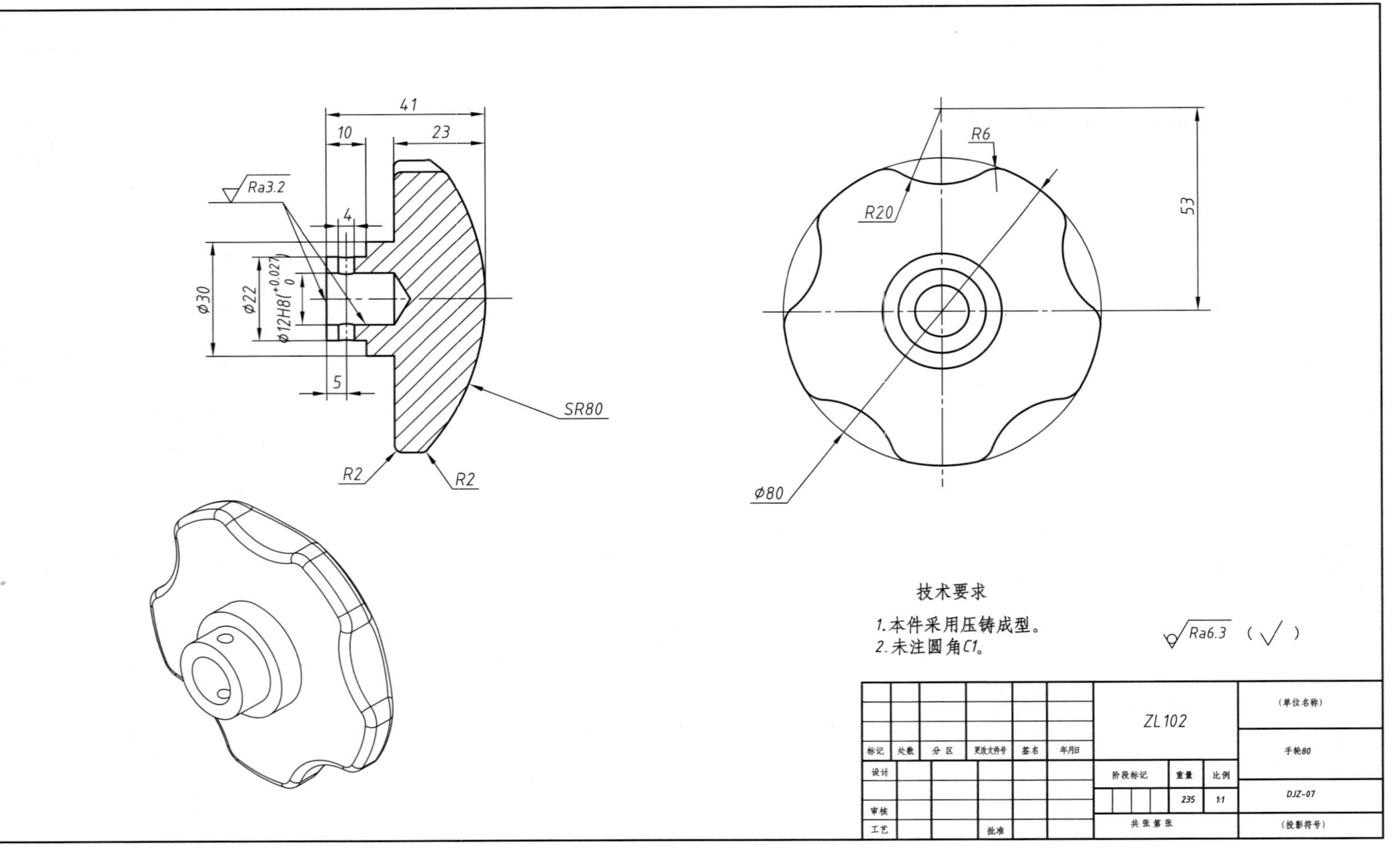
41
10
23
Ra3.2
4
Φ30
Φ22
Φ12H8(+0.027 0)
5
SR80
R2
R2
R6
R20
53
Φ80
技术要求
1.本件采用压铸成型。
2.未注圆角C1。
Ra6.3 （√）
ZL102
(单位名称)
手轮80
标记 处数 分区 更改文件号 签名 年月日
设计
审核
工艺
批准
阶段标记 重量 比例
235 1:1
DJZ-07
共 张 第 张
(投影符号)

图 6-17　手轮 80

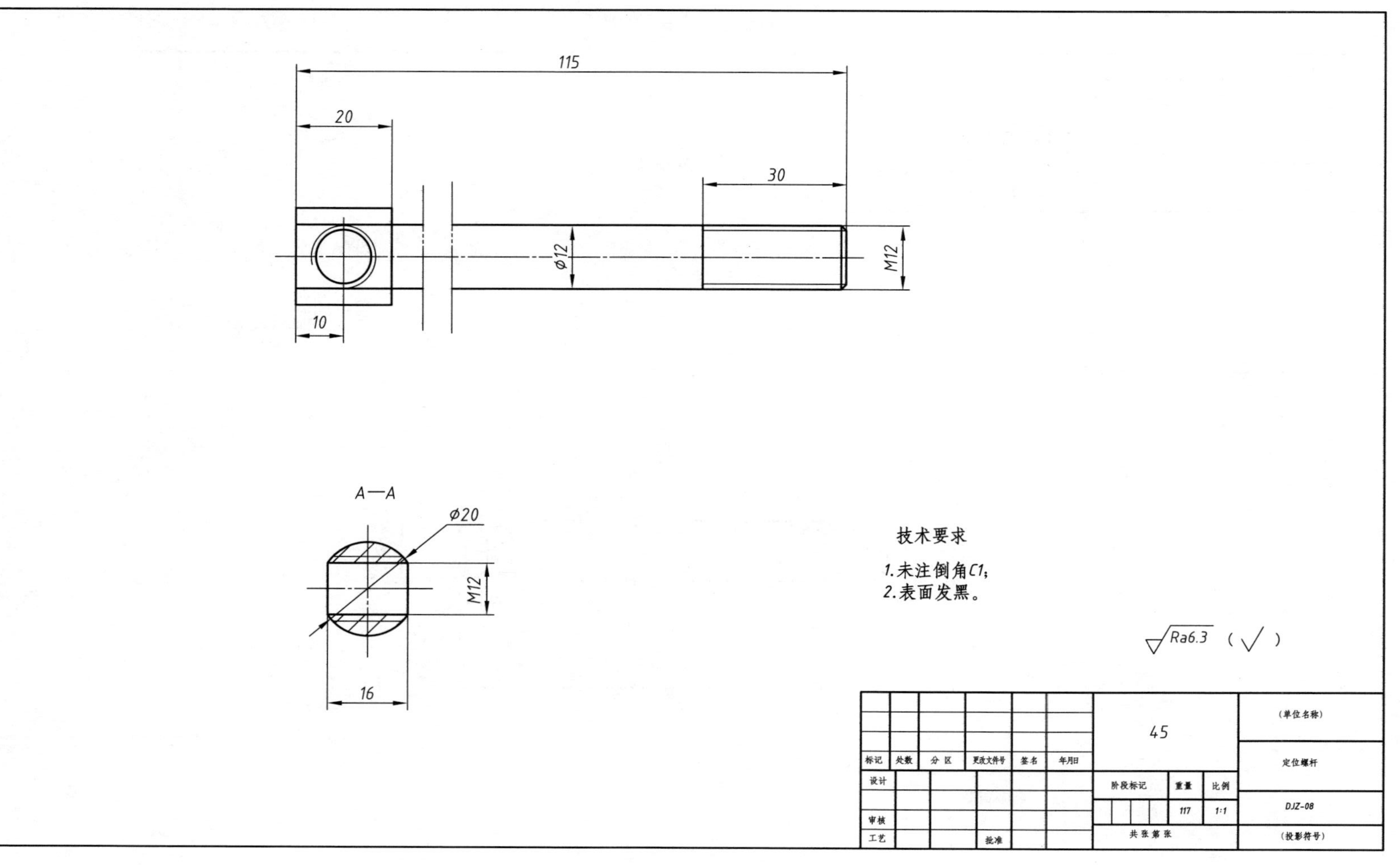

115
20
30
10
φ12
M12
A—A
φ20
M12
16
技术要求
1.未注倒角C1;
2.表面发黑。
Ra6.3
45
(单位名称)
定位螺杆
DJZ-08
(投影符号)
阶段标记
重量
比例
117
1:1
共 张 第 张
标记
处数
分 区
更改文件号
签名
年月日
设计
审核
工艺
批准

图 6-18　定位螺杆

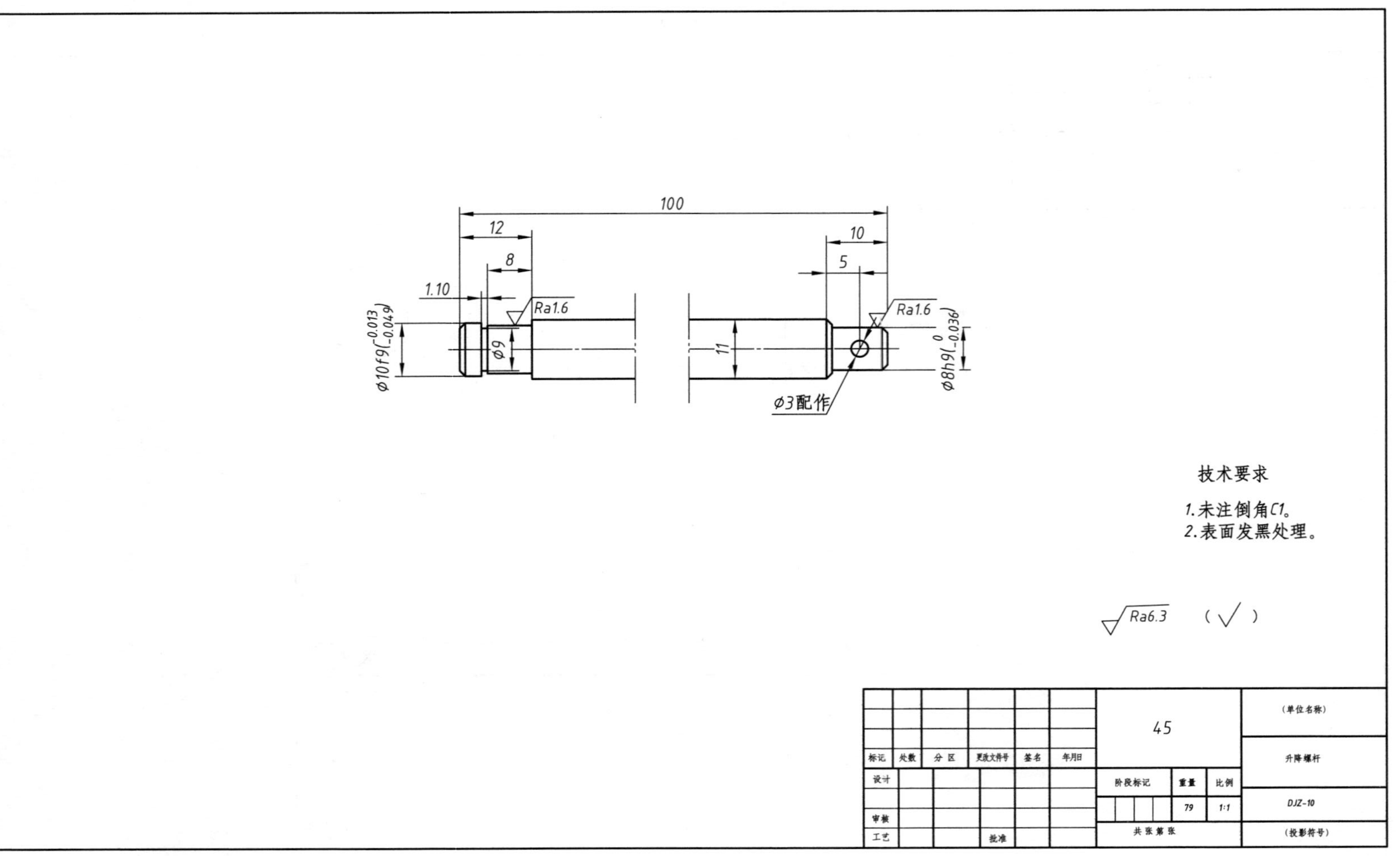
100
12
8
1.10
10
5
Ra1.6
Ra1.6
φ10f9(-0.013 -0.049)
φ9
11
φ8h9(0 -0.036)
φ3配作
技术要求
1.未注倒角C1。
2.表面发黑处理。
Ra6.3 （√）
45
(单位名称)
升降螺杆
标记
处数
分 区
更改文件号
签名
年月日
设计
阶段标记
重量
比例
79
1:1
DJZ-10
审核
工艺
批准
共 张 第 张
(投影符号)

图6-19　升降螺杆

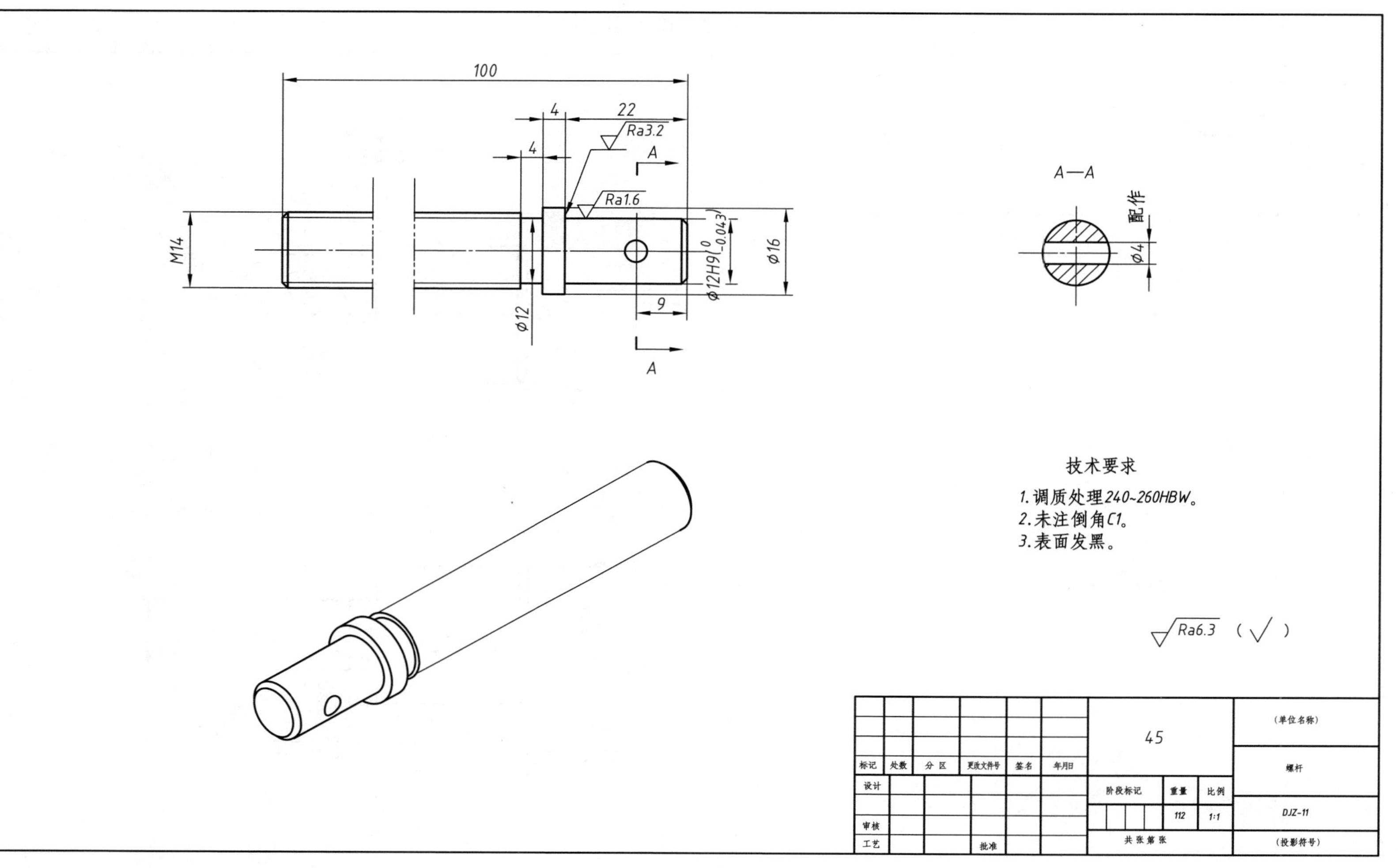
100
4
22
Ra3.2
4
A
Ra1.6
M14
⌀12H9(0/-0.043)
⌀16
⌀12
9
A
A—A
配作
⌀4
技术要求
1.调质处理240~260HBW。
2.未注倒角C1。
3.表面发黑。
Ra6.3 (√)
标记 处数 分区 更改文件号 签名 年月日
设计
审核
工艺
批准
45
阶段标记 重量 比例
112 1:1
共 张 第 张
(单位名称)
螺杆
DJZ-11
(投影符号)

图 6-20　螺杆

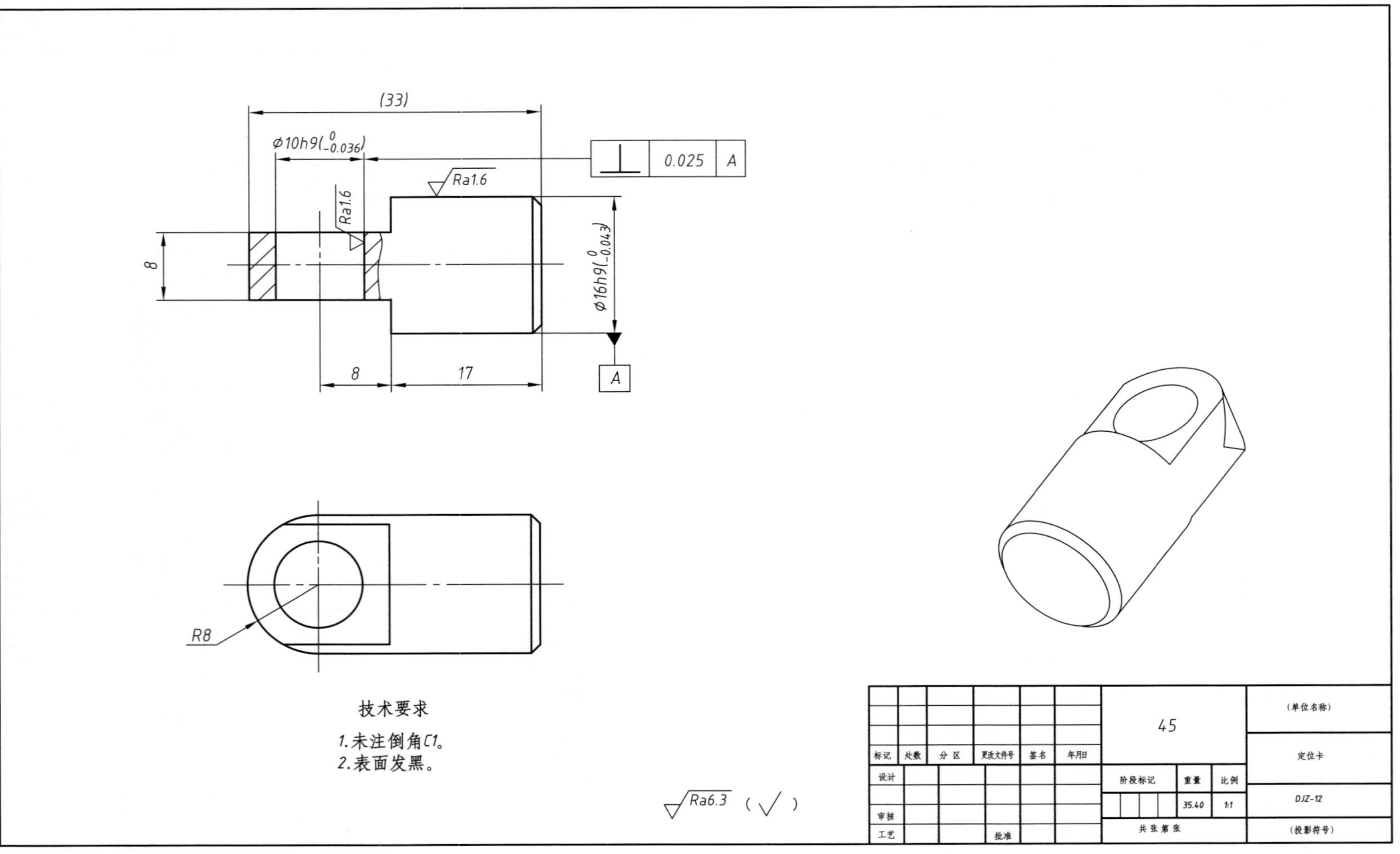
(单位名称)
定位卡
DJZ-12
(投影符号)
45
阶段标记
重量
比例
35.40
1:1
共 张 第 张
标记
处数
分区
更改文件号
签名
年月日
设计
审核
工艺
批准
0.025
A
φ16h9(0/-0.043)
Ra1.6
(33)
17
8
φ10h9(0/-0.036)
R8
技术要求
1.未注倒角C1。
2.表面发黑。
Ra6.3 (√)

图6-21　定位卡

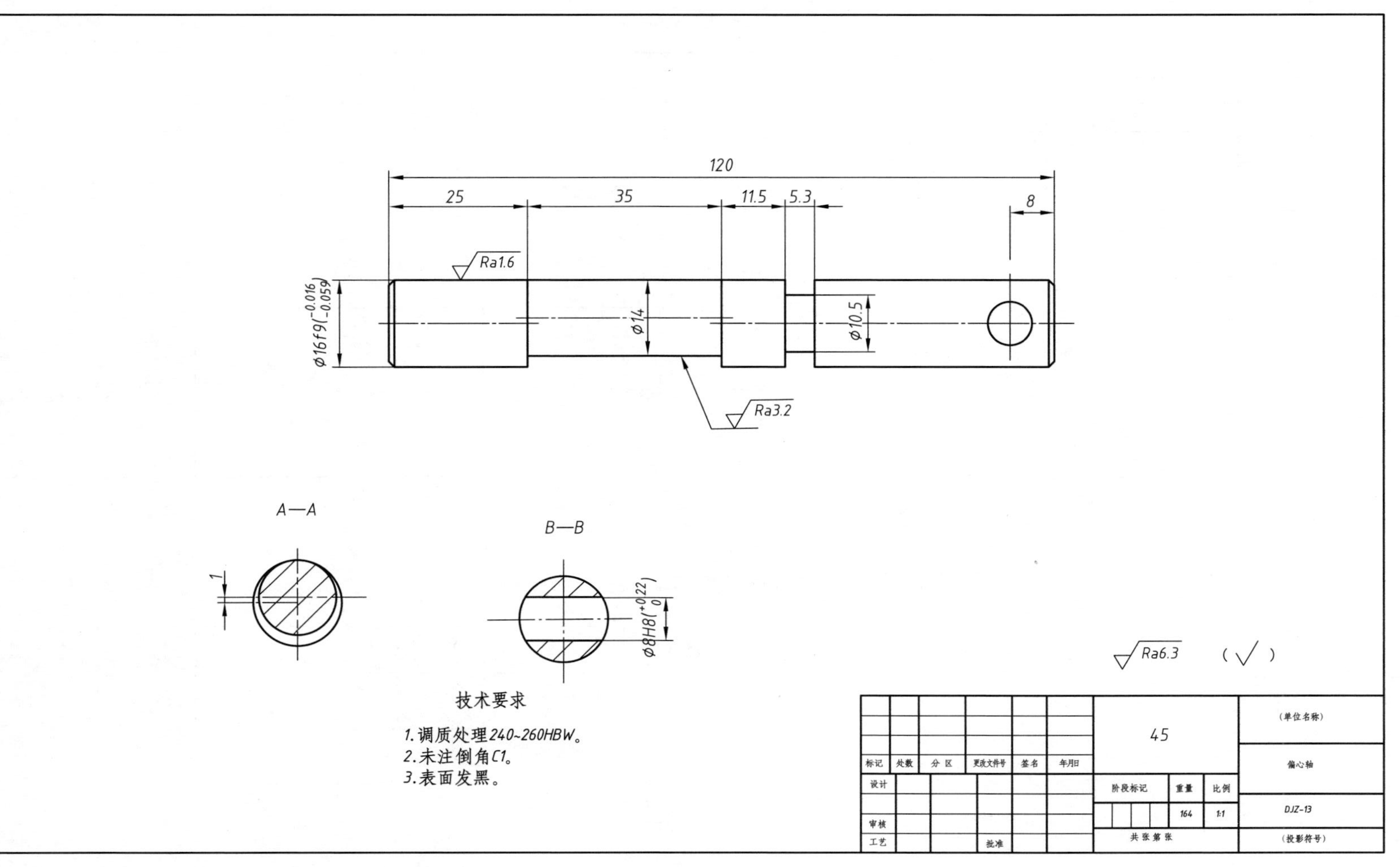

120
25
35
11.5
5.3
8
Ra1.6
φ16f9(-0.016 -0.059)
φ14
φ10.5
Ra3.2
A—A
1
B—B
φ8H8(+0.022 0)
技术要求
1.调质处理240~260HBW。
2.未注倒角C1。
3.表面发黑。
Ra6.3 (√)
标记
处数
分区
更改文件号
签名
年月日
设计
审核
工艺
批准
45
阶段标记
重量
比例
164
1:1
共 张 第 张
(单位名称)
偏心轴
DJZ-13
(投影符号)

图 6-22　偏心轴

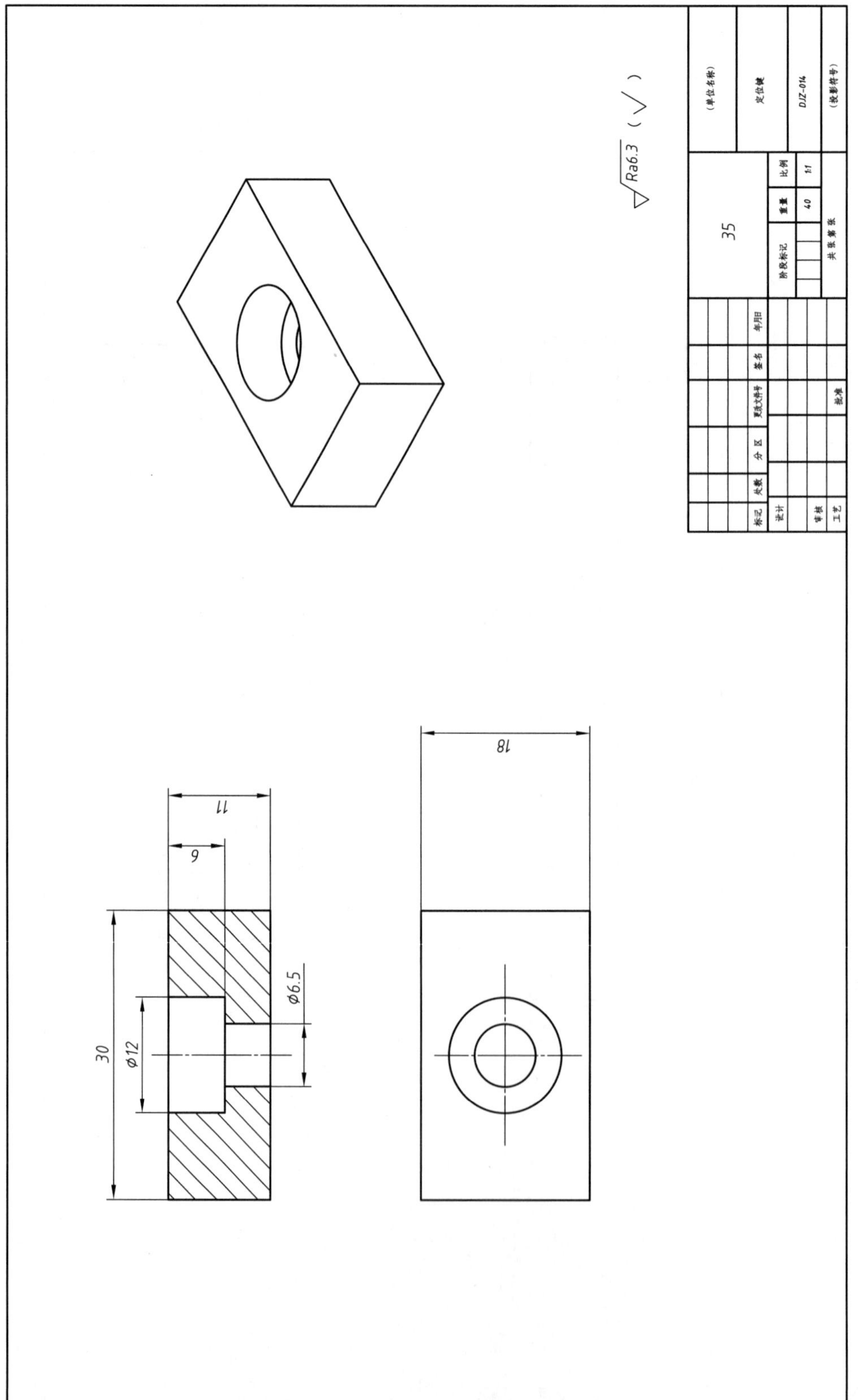
Ra6.3 ( )
(单位名称)
定位键
DJZ-014
(投影符号)
35
阶段标记
重量
比例
40
1:1
共 张 第 张
标记
处数
分区
更改文件号
签名
年月日
设计
审核
工艺
批准
30
φ12
φ6.5
6
11
18

图 6-23 定位键

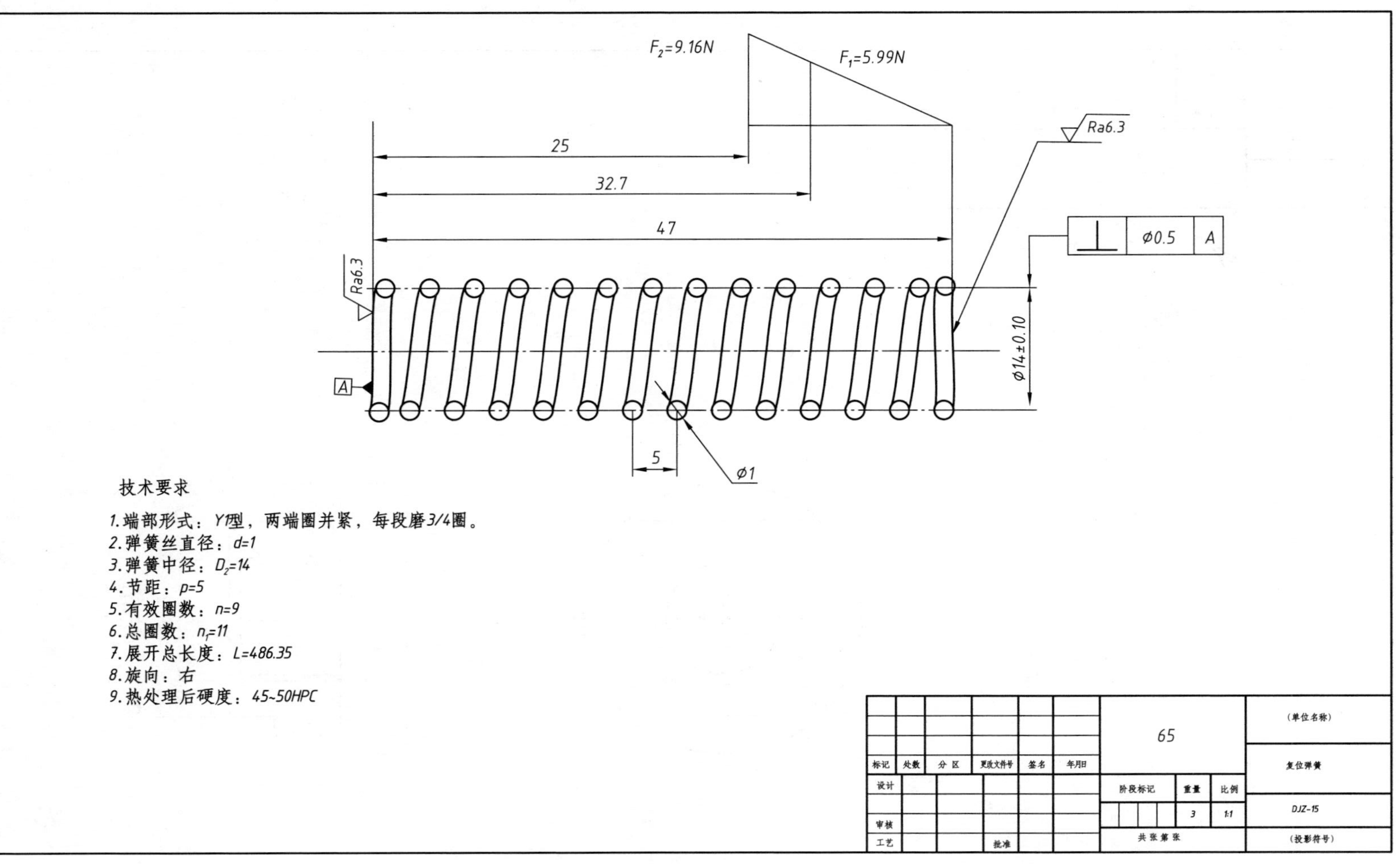

F2=9.16N
F1=5.99N
25
32.7
47
Ra6.3
Ø0.5
A
Ø14±0.10
5
Ø1
技术要求
1.端部形式：Y型，两端圈并紧，每段磨3/4圈。
2.弹簧丝直径：d=1
3.弹簧中径：D2=14
4.节距：p=5
5.有效圈数：n=9
6.总圈数：n1=11
7.展开总长度：L=486.35
8.旋向：右
9.热处理后硬度：45~50HPC
65
(单位名称)
复位弹簧
DJZ-15
(投影符号)
标记
处数
分区
更改文件号
签名
年月日
设计
审核
工艺
批准
阶段标记
重量
比例
3
1:1
共　张　第　张

图 6-24　复位弹簧

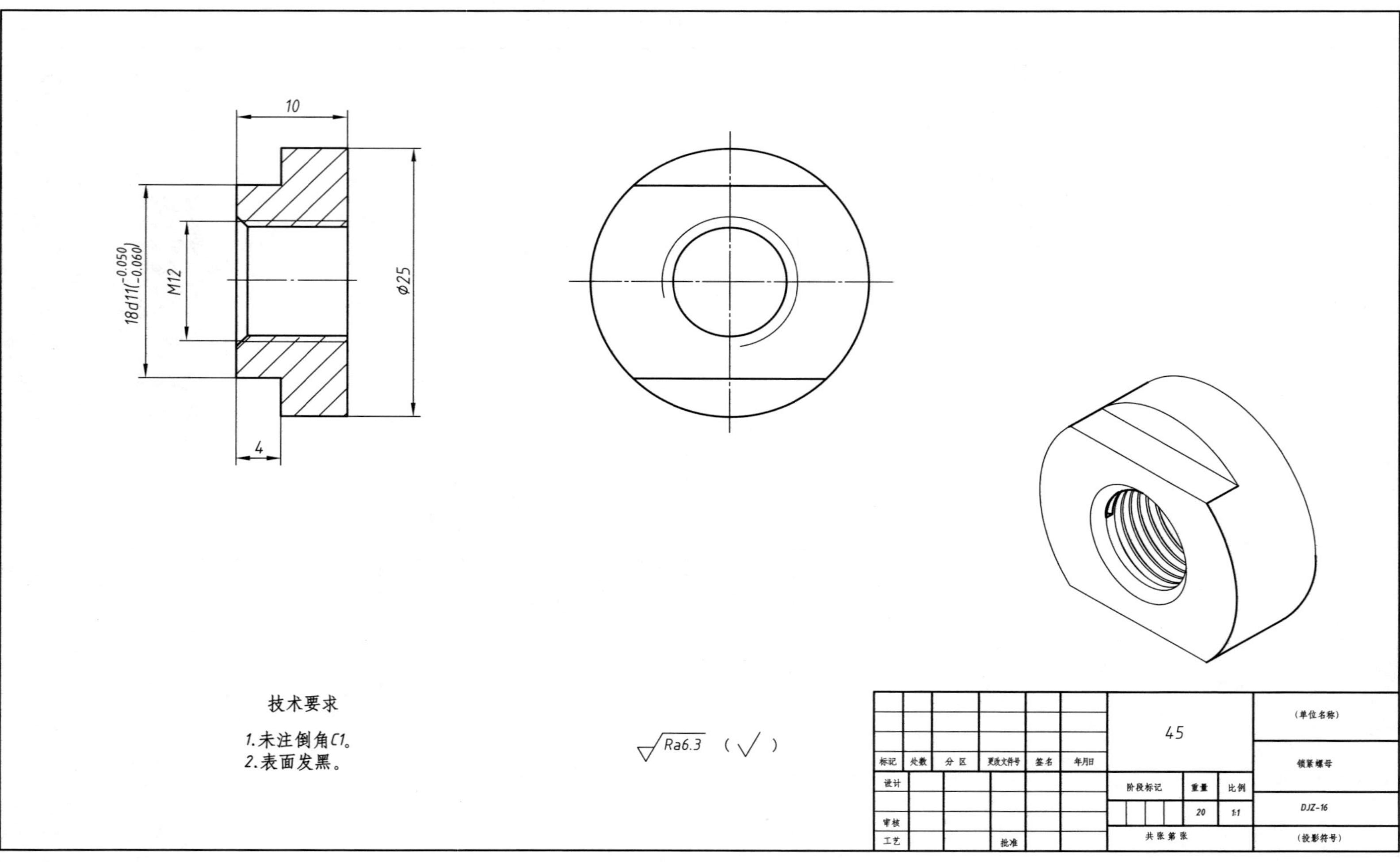
10
18d11(-0.050/-0.060)
M12
Φ25
4
技术要求
1.未注倒角C1。
2.表面发黑。
Ra6.3 (√)
标记
处数
分区
更改文件号
签名
年月日
设计
审核
工艺
批准
45
阶段标记
重量
比例
20
1:1
共 张 第 张
(单位名称)
锁紧螺母
DJZ-16
(投影符号)

图 6-25 锁紧螺母

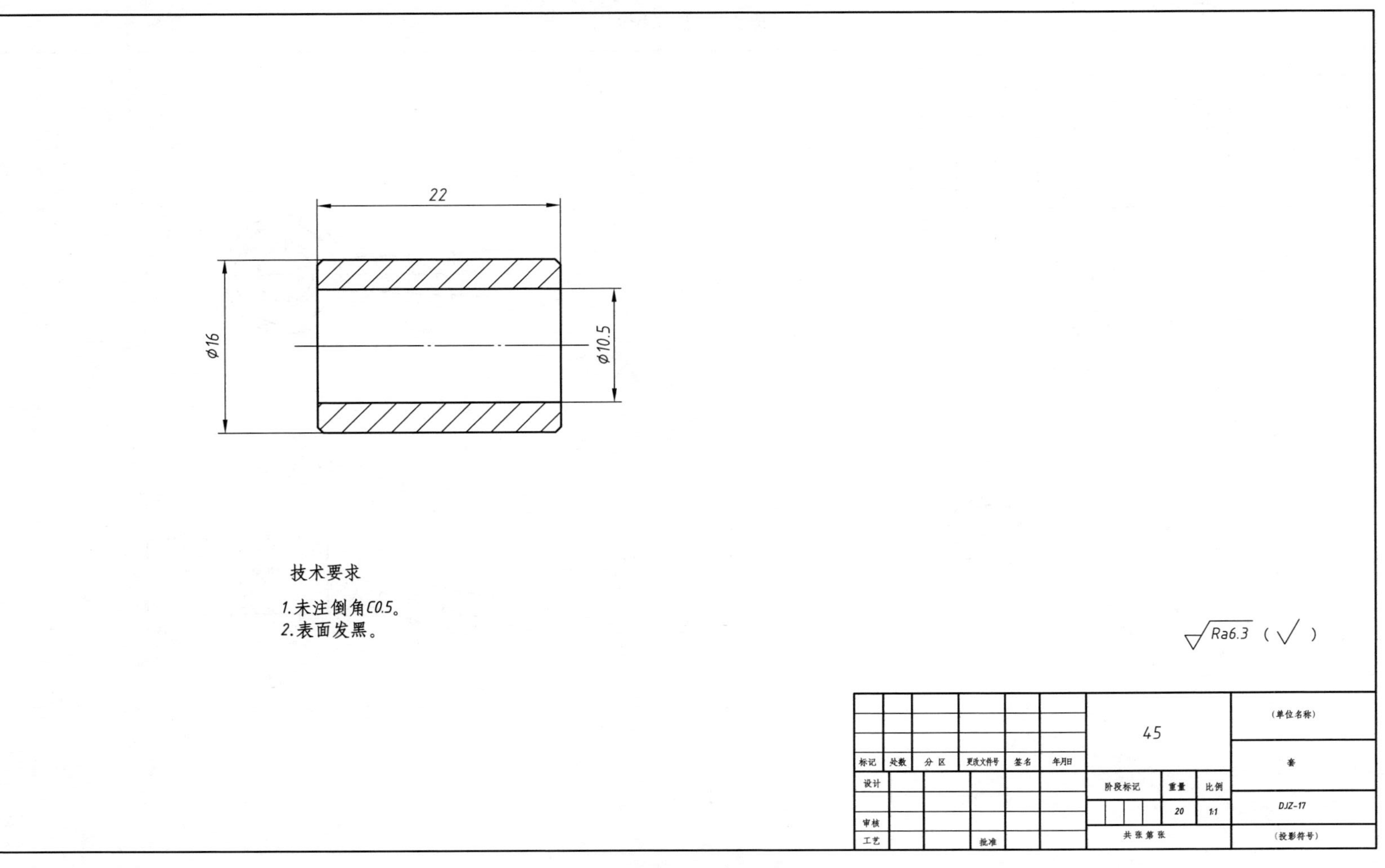

22
⌀16
⌀10.5
技术要求
1.未注倒角C0.5。
2.表面发黑。
Ra6.3 (√)
标记
处数
分区
更改文件号
签名
年月日
设计
审核
工艺
批准
45
阶段标记
重量
比例
20
1:1
共　张　第　张
（单位名称）
套
DJZ-17
（投影符号）

图6-26　套

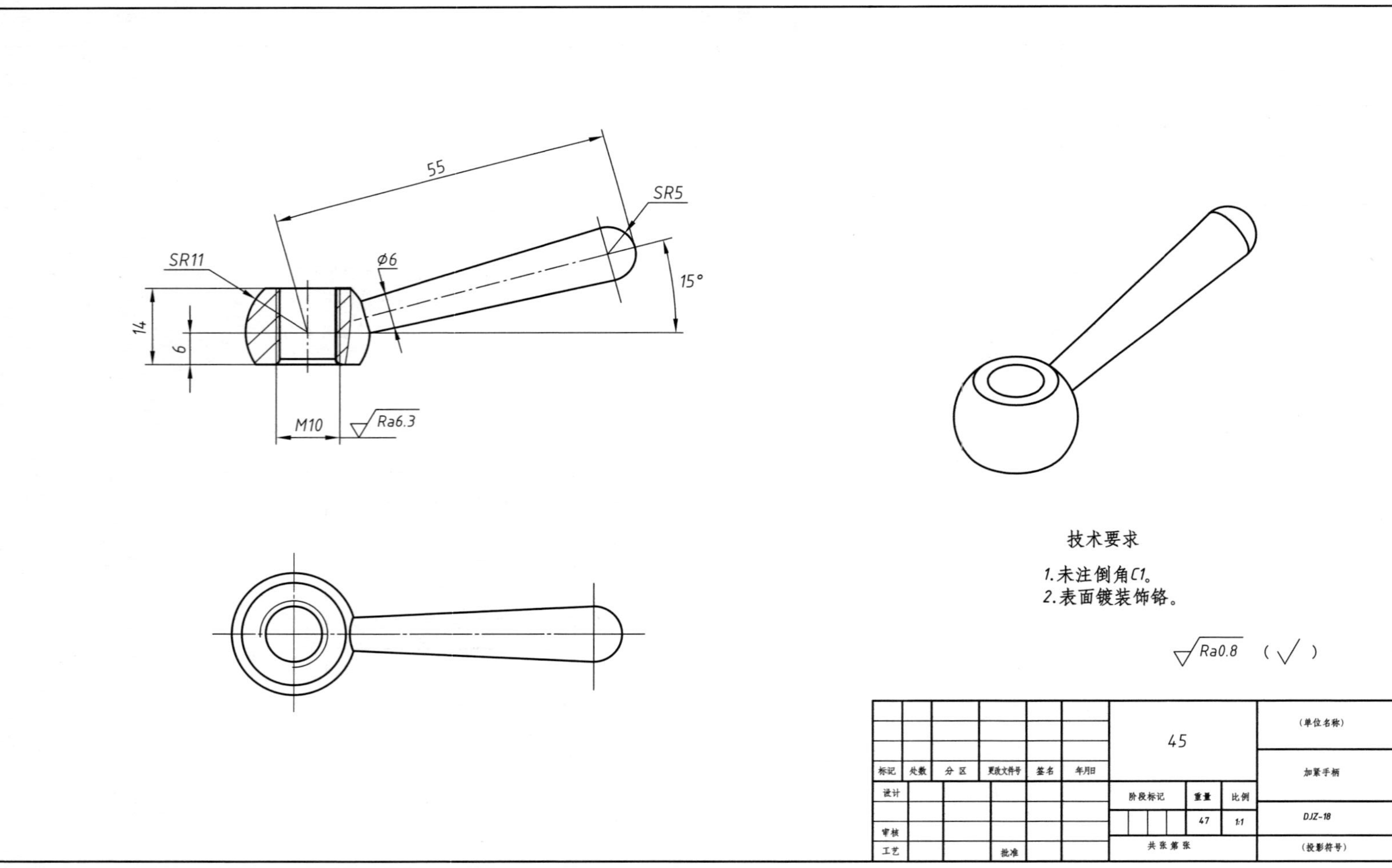

55
SR5
SR11
Ø6
15°
14
6
M10
Ra6.3
技术要求
1.未注倒角C1。
2.表面镀装饰铬。
Ra0.8 （√）
标记 处数 分区 更改文件号 签名 年月日
设计
审核
工艺
批准
45
阶段标记 重量 比例
47 1:1
共 张 第 张
（单位名称）
加紧手柄
DJZ-18
（投影符号）

图 6-27　加紧手柄

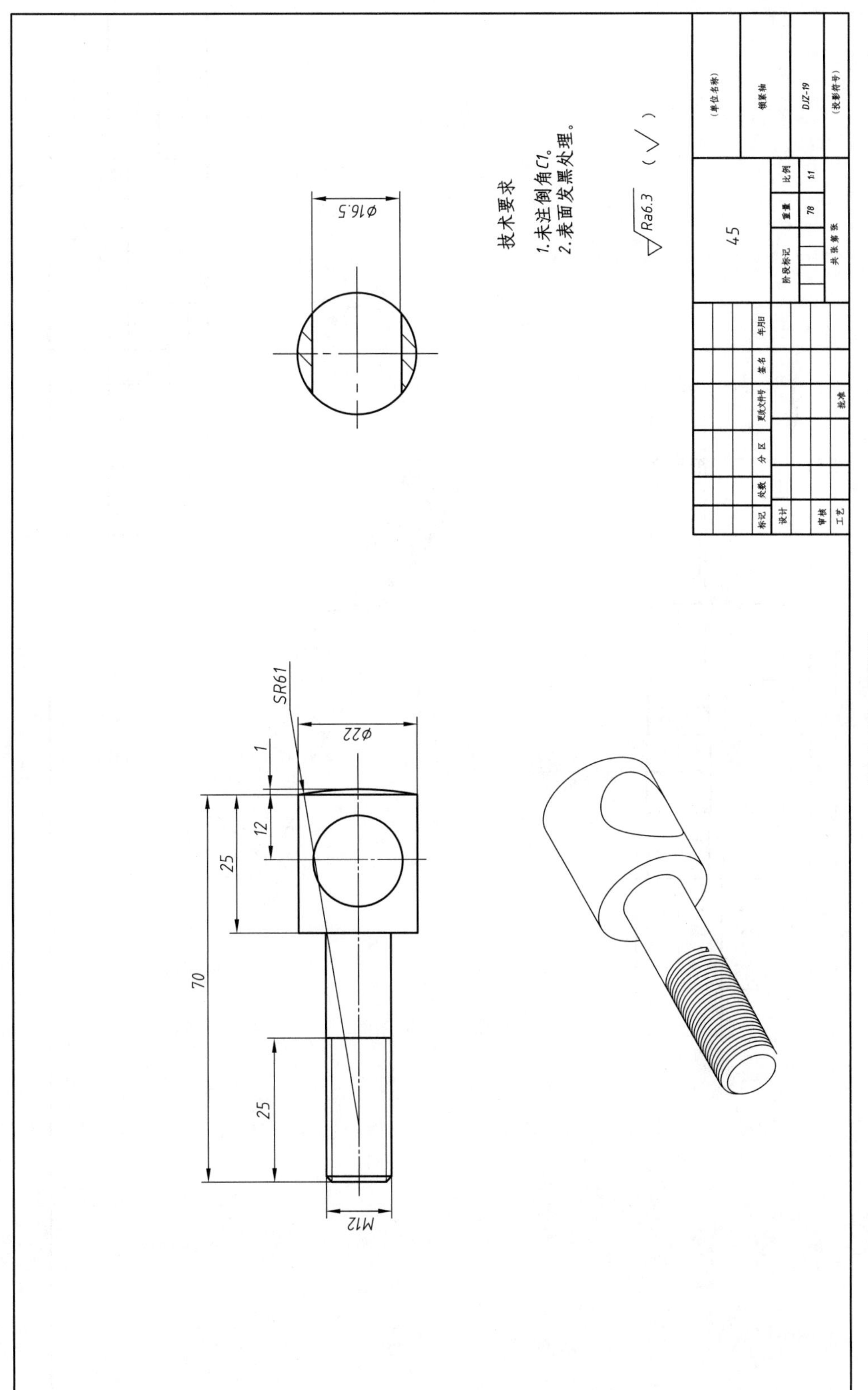

技术要求
1.未注倒角C1。
2.表面发黑处理。
Ra6.3
Φ16.5
SR61
Φ22
1
12
25
70
25
M12
45
锁紧轴
DJZ-19
1:1
78

图 6-28　锁紧轴

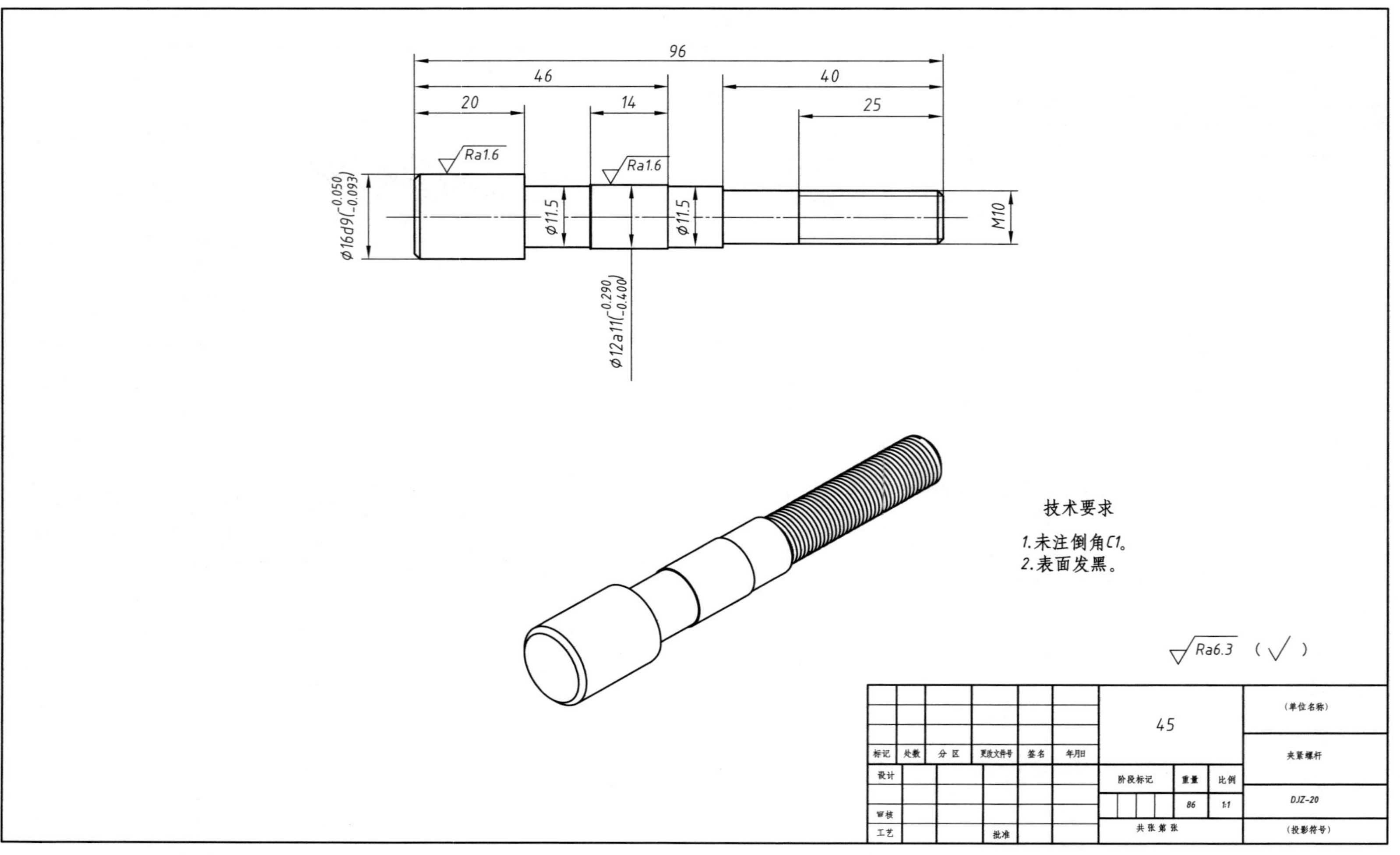

96
46
40
20
14
25
Ra1.6
Ra1.6
φ16d9($^{-0.050}_{-0.093}$)
φ11.5
φ11.5
M10
φ12a11($^{-0.290}_{-0.400}$)
技术要求
1.未注倒角C1。
2.表面发黑。
Ra6.3 （√）
45
（单位名称）
夹紧螺杆
标记
处数
分 区
更改文件号
签名
年月日
设计
审核
工艺
批准
阶段标记
重量
比例
86
1:1
DJZ-20
共 张 第 张
（投影符号）

图6-29 夹紧螺杆

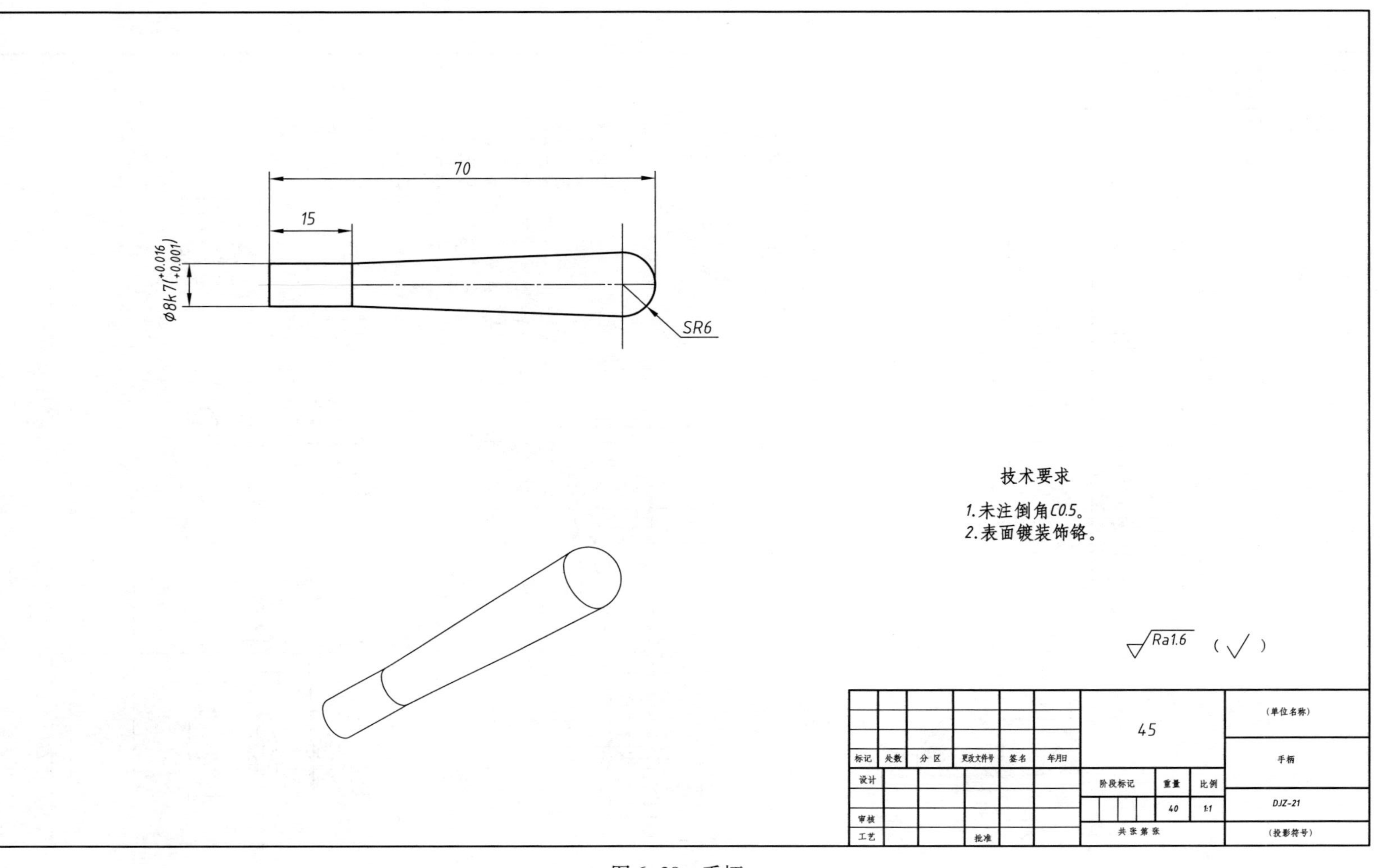

70
15
φ8k7($^{+0.016}_{+0.001}$)
SR6
技术要求
1.未注倒角C0.5。
2.表面镀装饰铬。
Ra1.6 （√）
45
（单位名称）
手柄
DJZ-21
（投影符号）
标记 处数 分区 更改文件号 签名 年月日
设计 审核 工艺 批准
阶段标记 重量 比例
40 1:1
共 张 第 张

图 6-30　手柄

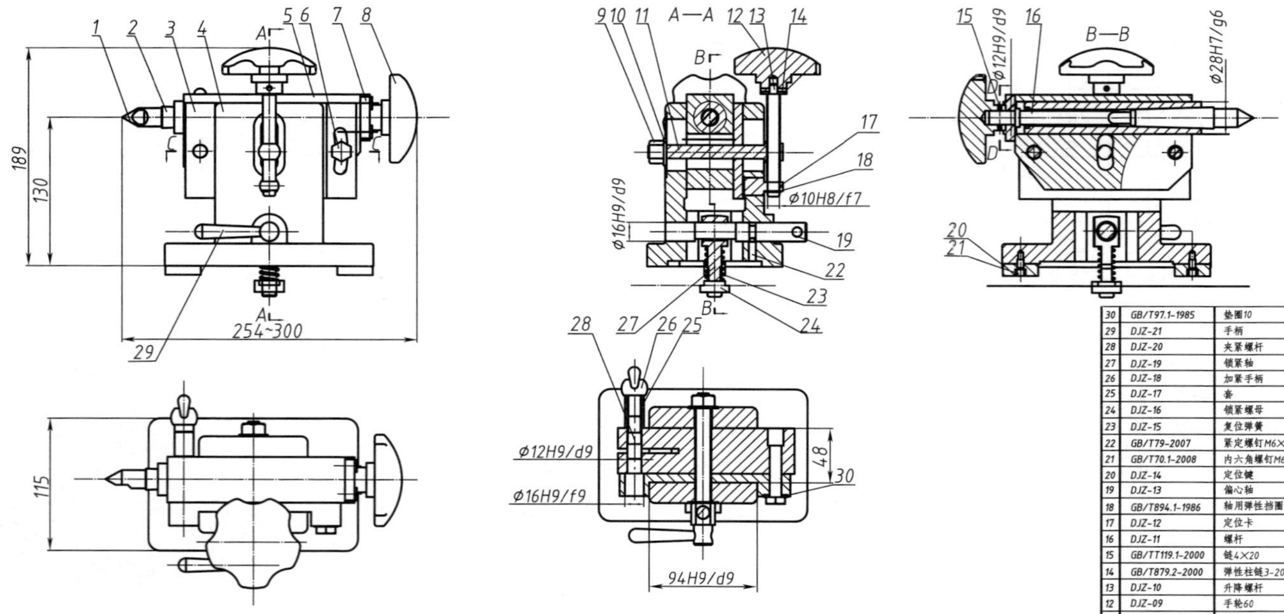

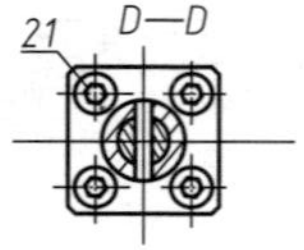

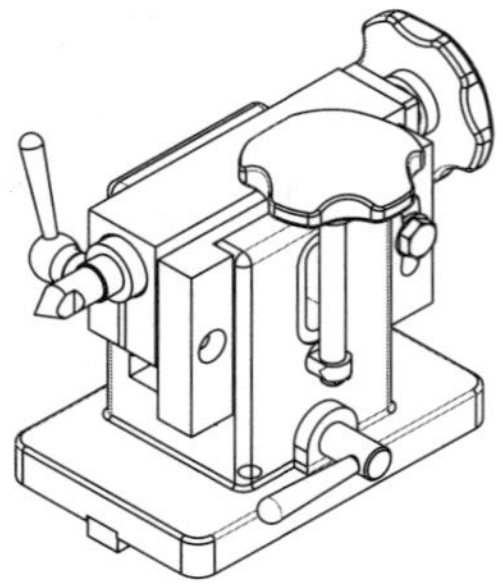

序号	代号	名称	数量	材料	单件重量	总计重量	备注
30	GB/T97.1-1985	垫圈10	1	Q235A	2		
29	DJZ-21	手柄	1	45	40		
28	DJZ-20	夹紧螺杆	1	45	86		
27	DJZ-19	锁紧轴	1	45	78		
26	DJZ-18	加紧手柄	1	45	47		
25	DJZ-17	套	1	45	20		
24	DJZ-16	锁紧螺母	1	45	29		
23	DJZ-15	复位弹簧	1	65	3		
22	GB/T79-2007	紧定螺钉M6×20	1	35	0.477		
21	GB/T70.1-2008	内六角螺钉M6×12	6	45	5.430		
20	DJZ-14	定位键	2	35	40		
19	DJZ-13	偏心轴	1	45	164		
18	GB/T894.1-1986	轴用弹性挡圈10×1	1	65Mn	0.437		
17	DJZ-12	定位卡	1	45	35.40		
16	DJZ-11	螺杆	1	45	112		
15	GB/TT119.1-2000	链4×20	1	35	2		
14	GB/T879.2-2000	弹性柱链3-20	1	60	0.088		
13	DJZ-10	升降螺杆	1	45	79		
12	DJZ-09	手轮60	1	ZL102	129.67		
11	DJZ-08	定位螺杆	1	45	117		
10	GB/97.1-2002	垫圈12	1	Q235A	4		
9	GB/T41-2000	螺母M12	1	35	20		
8	DJZ-07	手轮80	1	ZL102	235		
7	DJZ-06	尾座连接法兰	1	HT200	73		
6	GB/T5780-2000	螺栓M10×35	1	35	36		
5	DJZ-05	尾座体	1	45	2750		
4	DJZ-04	底座	1	HT200	5306		
3	DJZ-03	定位板	1	HT200	998		
2	DJZ-02	顶尖套	1	HT200	468		
1	DJZ-01	顶尖	1	T10	166		

DJZ-00　（单位名称）　可调顶尖座　（图样代号）　（投影符号）

标记 处数 分区 更改文件号 签名 年月日　设计　审核　工艺　批准　阶段标记　重量　比例 1:1　共 张 第 张

技术要求

1. 零件检验合格后清洗。
2. 转动手轮顶尖移动平稳，无卡阻现象。
3. 各部分锁紧后，不能移动或转动。
4. 顶尖水平高度调节范围125~155。
5. 顶尖沿轴线伸出范围250~300。
6. 顶尖沿垂直面可调角度±9°。

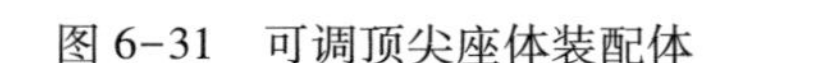

图 6-31　可调顶尖座体装配体

第三节　平口钳测绘图解

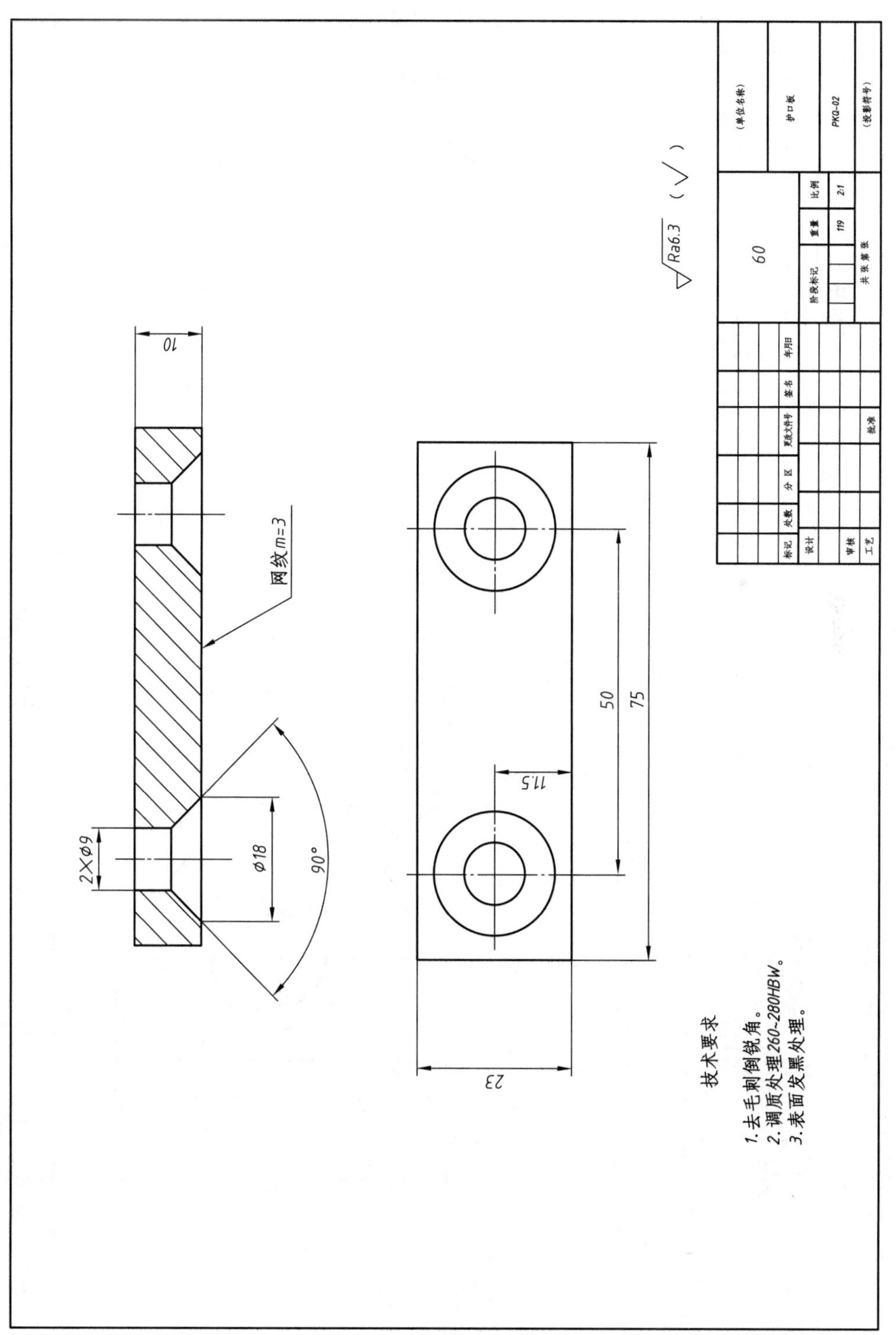

图 6-32　护口板

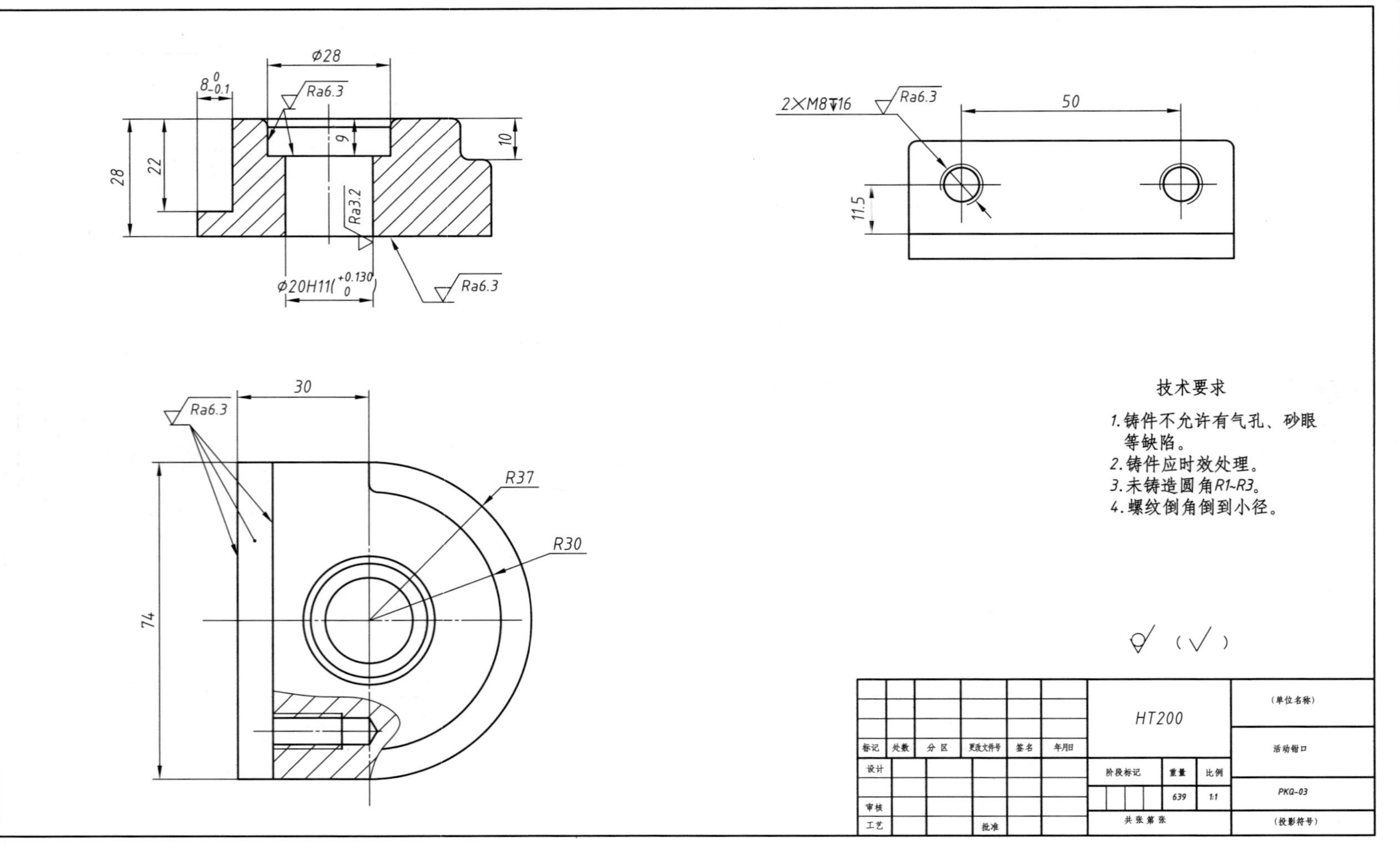
Φ28
$8^{0}_{-0.1}$
Ra6.3
28
22
9
10
Ra3.2
Φ20H11($^{+0.130}_{0}$)
Ra6.3
2×M8▼16
Ra6.3
50
11.5
30
Ra6.3
R37
R30
74
技术要求
1.铸件不允许有气孔、砂眼等缺陷。
2.铸件应时效处理。
3.未铸造圆角R1~R3。
4.螺纹倒角倒到小径。
HT200
(单位名称)
活动钳口
标记 处数 分区 更改文件号 签名 年月日
设计
审核
工艺
批准
阶段标记 重量 比例
639 1:1
PKQ-03
共 张 第 张
(投影符号)

图 6-33　活动钳口

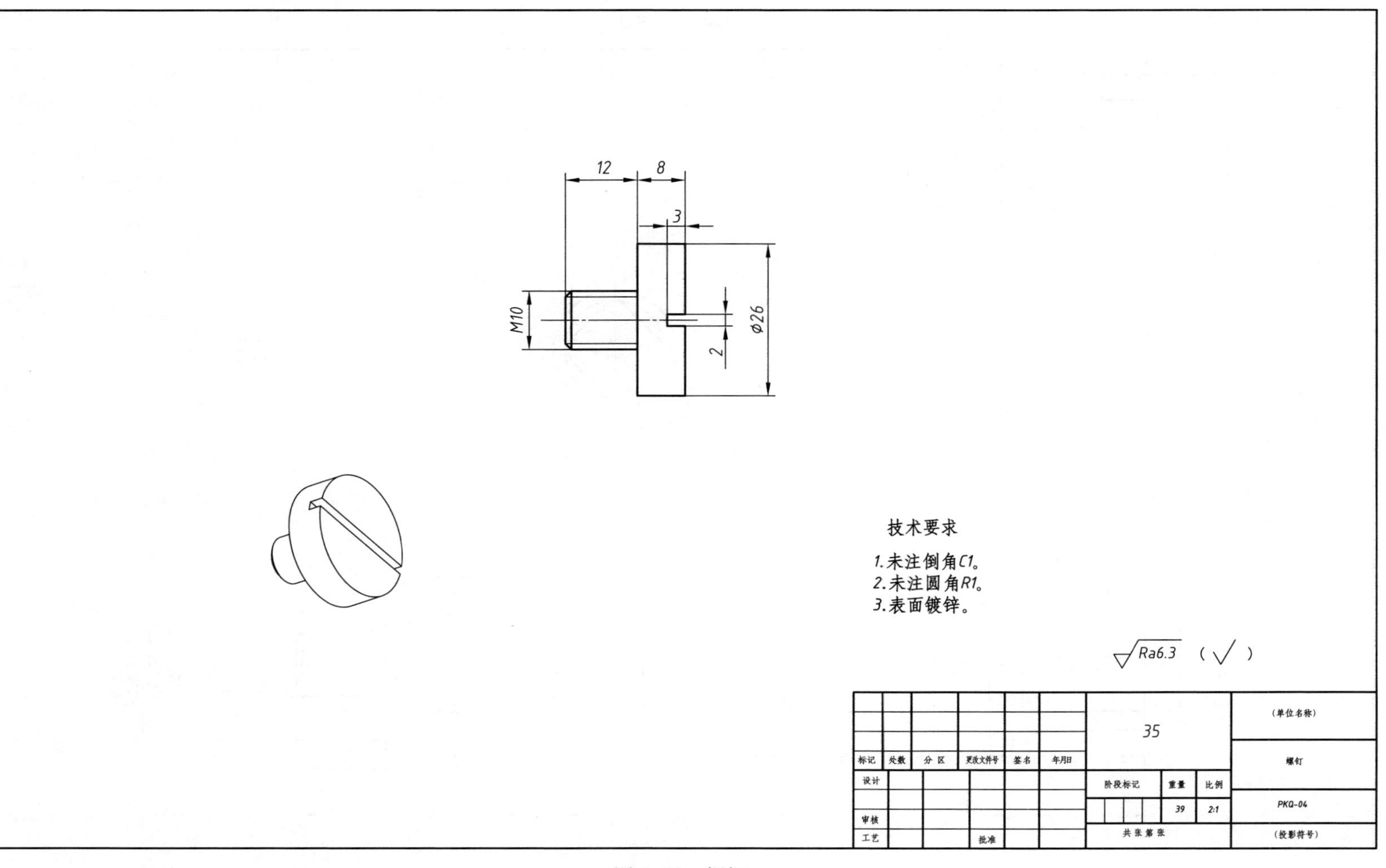
12
8
3
M10
2
Φ26
技术要求
1.未注倒角C1。
2.未注圆角R1。
3.表面镀锌。
Ra6.3 （√）
标记
处数
分区
更改文件号
签名
年月日
设计
审核
工艺
批准
35
阶段标记
重量
比例
39
2:1
共 张 第 张
（单位名称）
螺钉
PKQ-04
（投影符号）

图 6-34　螺钉

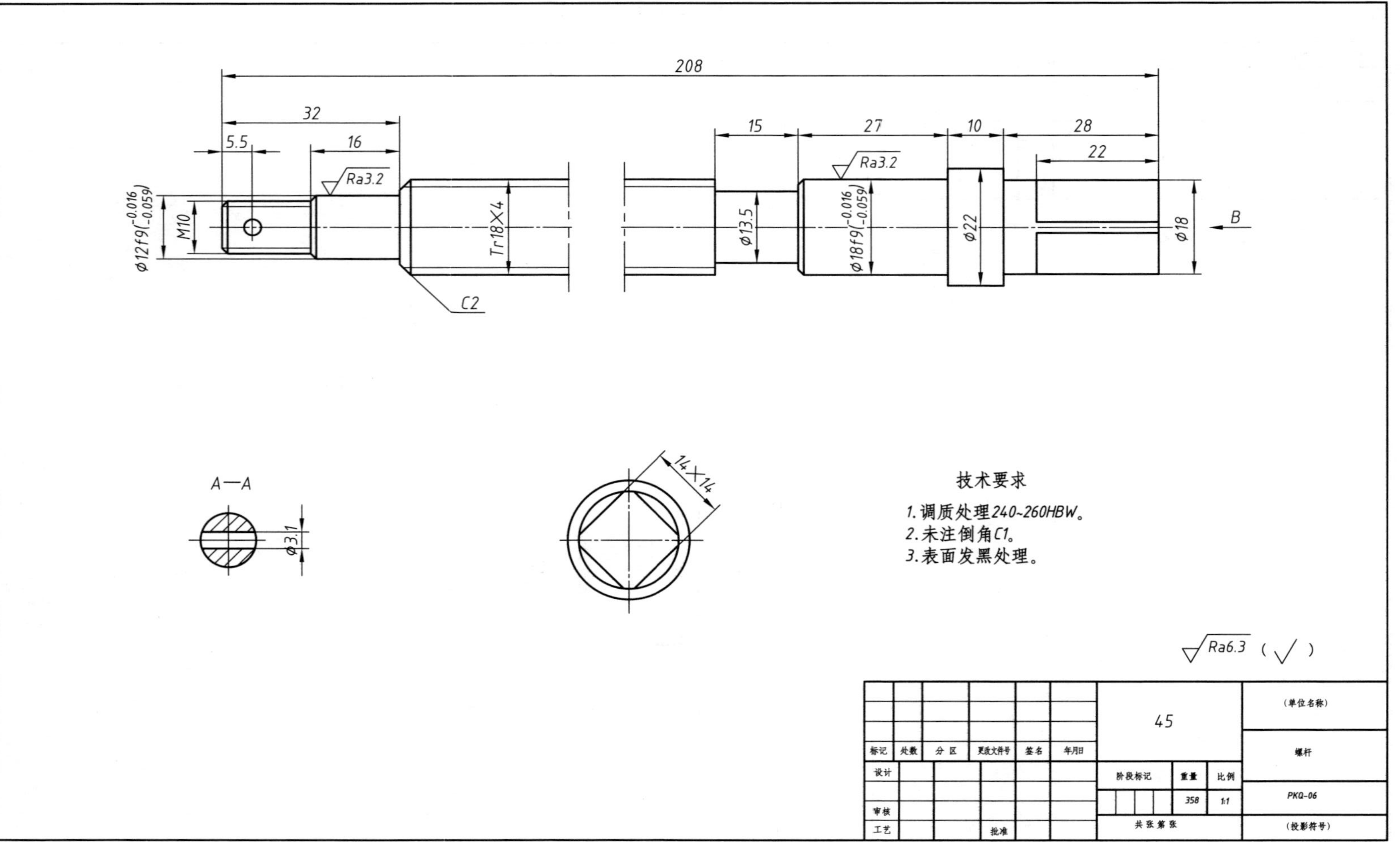
技术要求
1.调质处理240~260HBW。
2.未注倒角C1。
3.表面发黑处理。
Ra6.3 (√)
(单位名称)
螺杆
PKQ-06
(投影符号)
45
1:1
358
A—A
B
14×14
C2
Tr18×4
M10
φ12f9(-0.016 -0.059)
φ18f9(-0.016 -0.059)
φ13.5
φ22
φ18
φ3.1
Ra3.2
208

图 6-35 螺杆

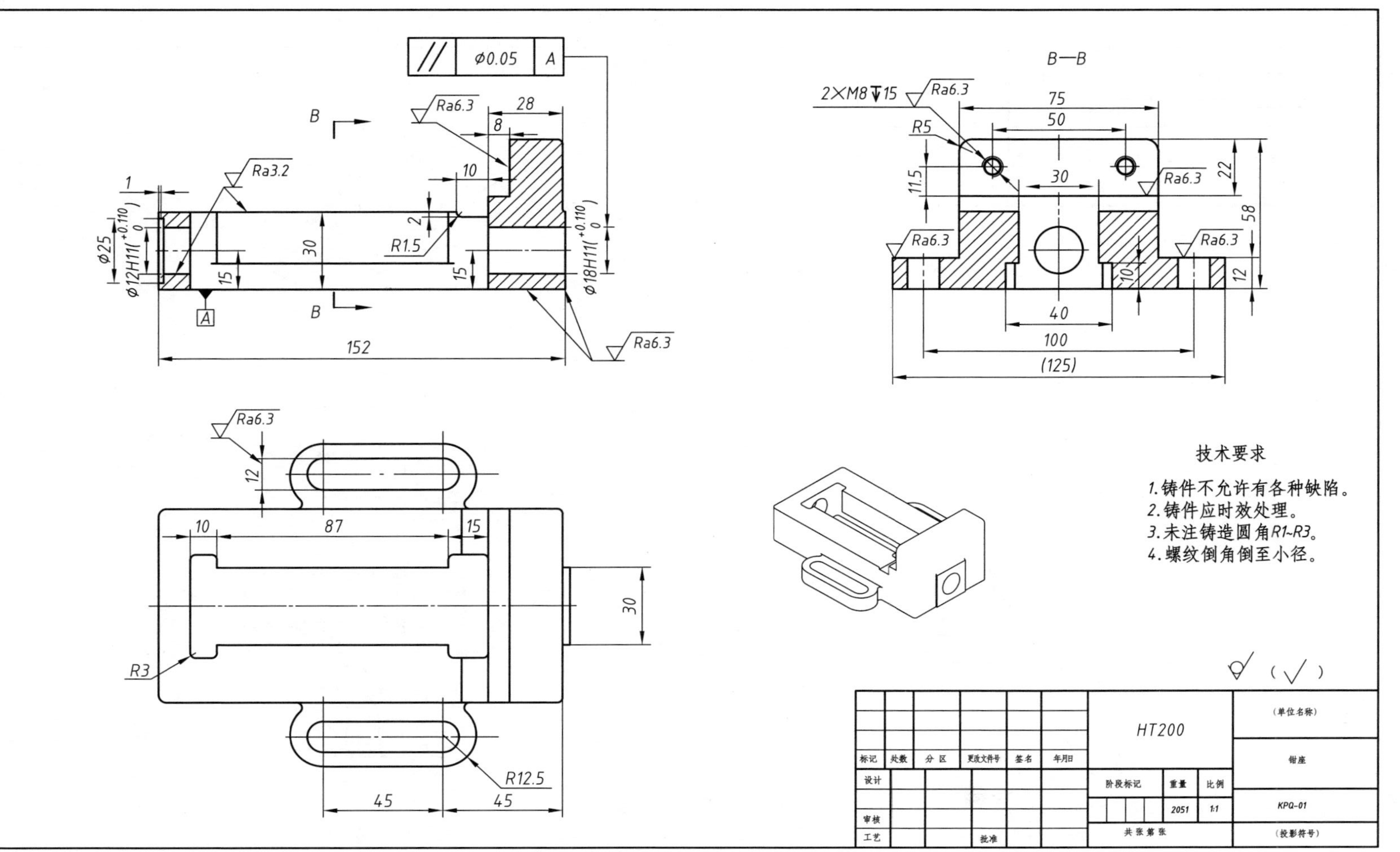
B—B
2×M8↧15
技术要求
1.铸件不允许有各种缺陷。
2.铸件应时效处理。
3.未注铸造圆角R1~R3。
4.螺纹倒角倒至小径。
HT200
钳座
KPQ-01

图 6-36　钳座

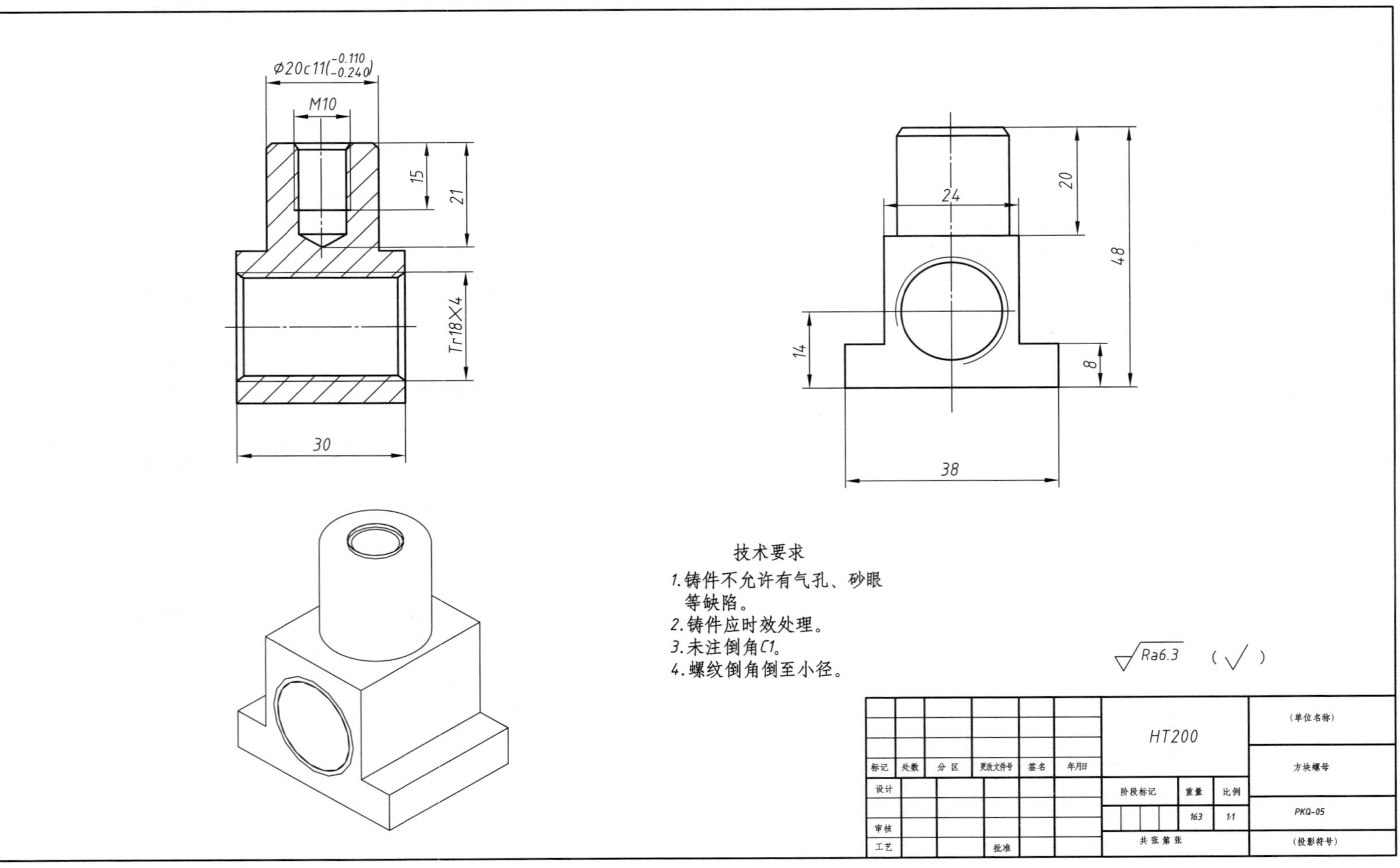
Ø20c11($^{-0.110}_{-0.240}$)
M10
15
21
Tr18×4
30
24
20
48
14
8
38
技术要求
1.铸件不允许有气孔、砂眼等缺陷。
2.铸件应时效处理。
3.未注倒角C1。
4.螺纹倒角倒至小径。
Ra6.3 （√）
标记 处数 分区 更改文件号 签名 年月日
设计
审核
工艺
批准
HT200
阶段标记 重量 比例
163 1:1
共 张 第 张
（单位名称）
方块螺母
PKQ-05
（投影符号）

图 6-37　方块螺母

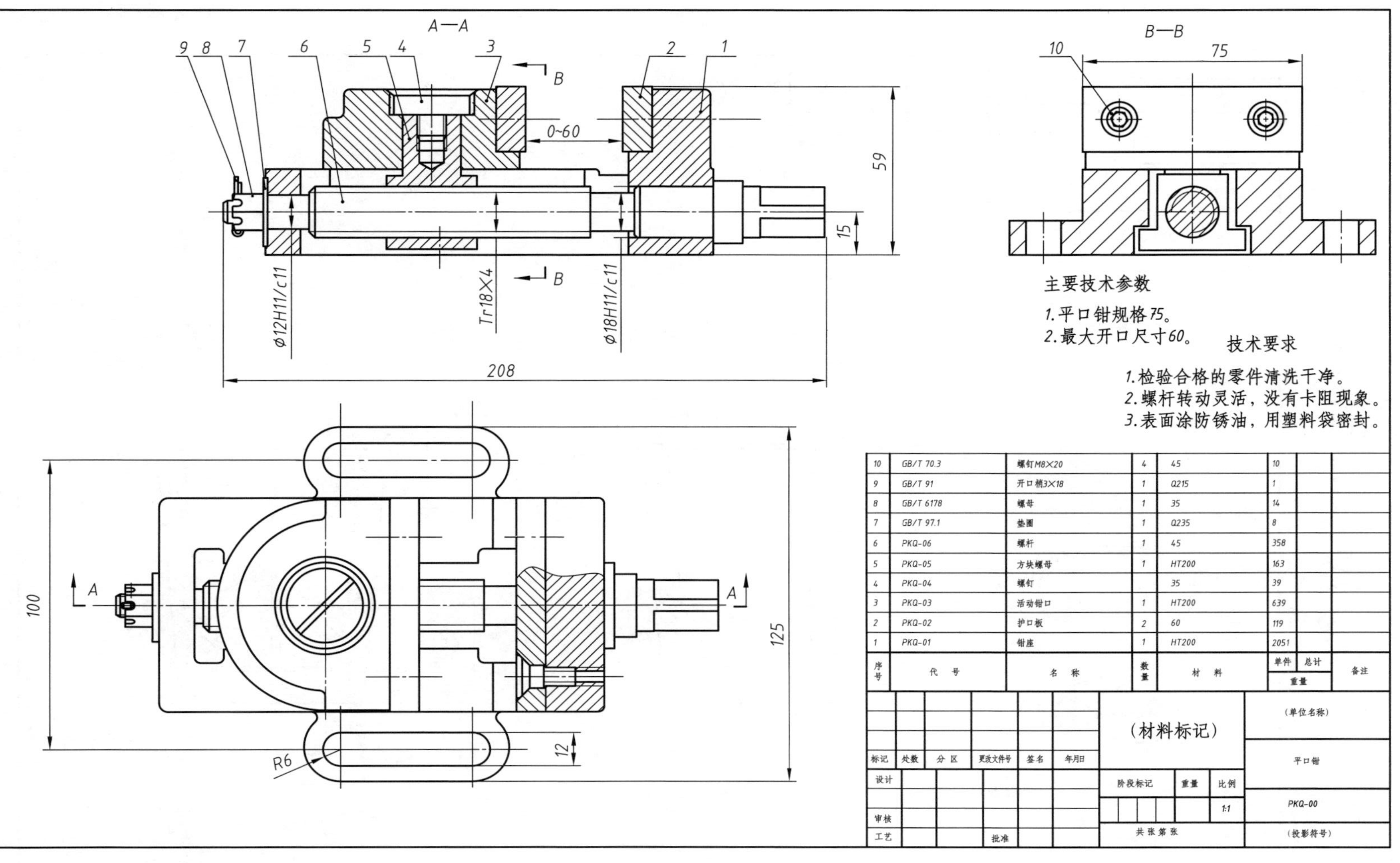

A—A
9 8 7 6 5 4 3 2 1
B
0~60
59
15
φ12H11/c11
Tr18×4
φ18H11/c11
208
B—B
10
75
主要技术参数
1.平口钳规格75。
2.最大开口尺寸60。
技术要求
1.检验合格的零件清洗干净。
2.螺杆转动灵活，没有卡阻现象。
3.表面涂防锈油，用塑料袋密封。
100
A
125
12
R6
10 GB/T 70.3 螺钉M8×20 4 45 10
9 GB/T 91 开口销3×18 1 Q215 1
8 GB/T 6178 螺母 1 35 14
7 GB/T 97.1 垫圈 1 Q235 8
6 PKQ-06 螺杆 1 45 358
5 PKQ-05 方块螺母 1 HT200 163
4 PKQ-04 螺钉 35 39
3 PKQ-03 活动钳口 1 HT200 639
2 PKQ-02 护口板 2 60 119
1 PKQ-01 钳座 1 HT200 2051
序号 代号 名称 数量 材料 单件 总计 重量 备注
(材料标记)
(单位名称)
平口钳
PKQ-00
(投影符号)
标记 处数 分区 更改文件号 签名 年月日
设计 审核 工艺 批准
阶段标记 重量 比例 1:1
共 张 第 张

图 6-38　平口钳

第四节　千斤顶测绘图解

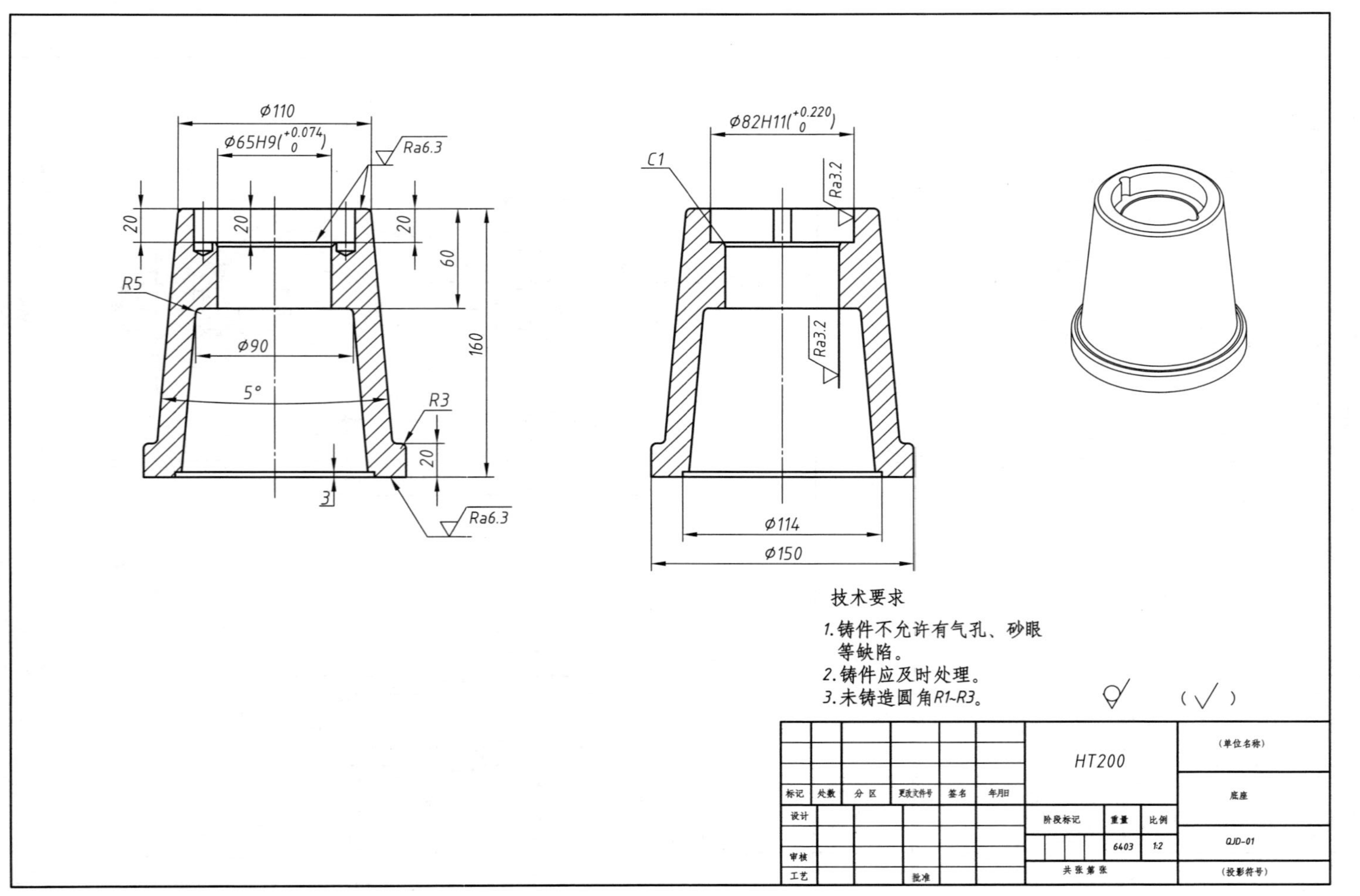

图 6–39　底座

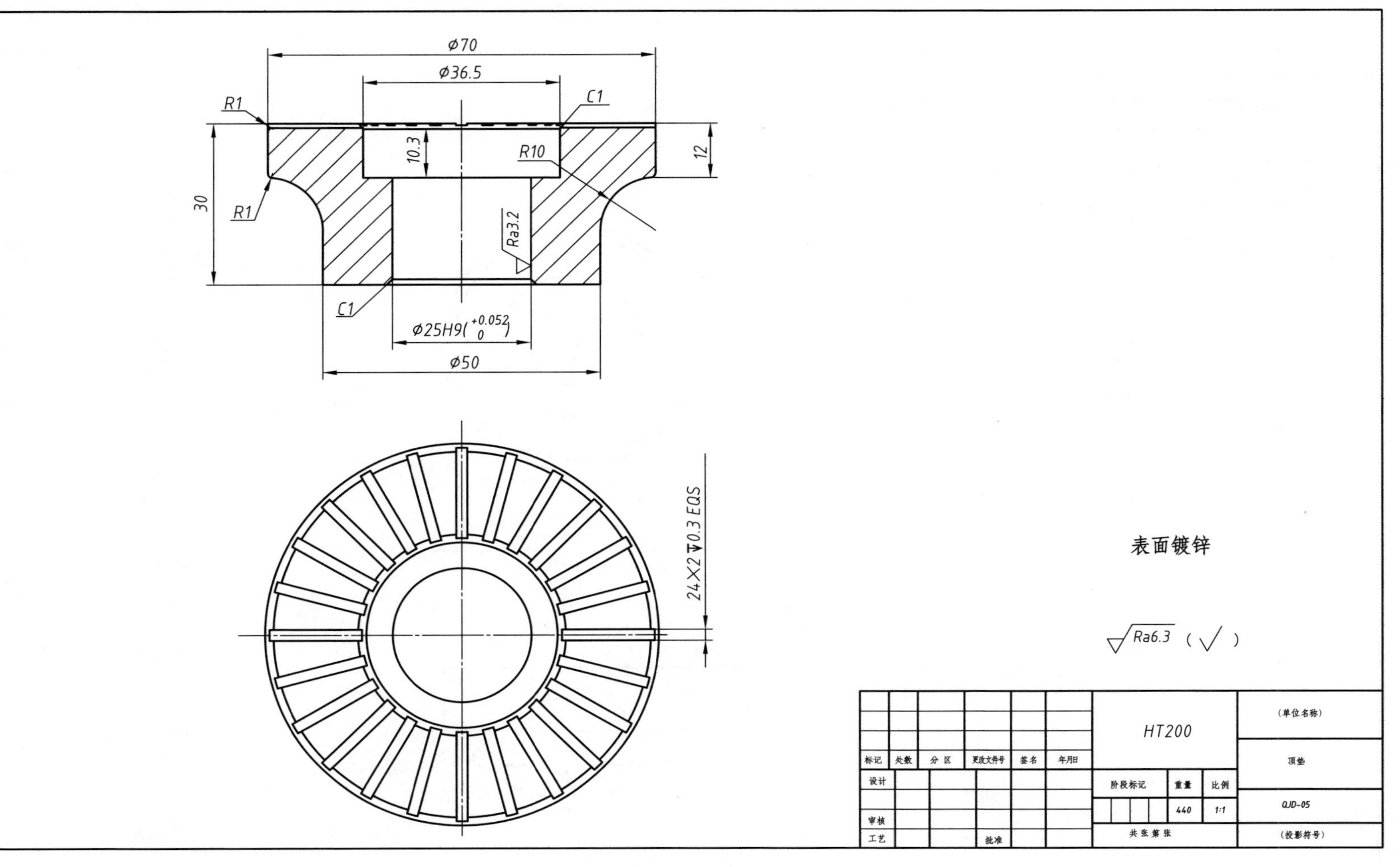
Φ70
Φ36.5
R1
C1
10.3
R10
12
30
R1
Ra3.2
C1
Φ25H9($^{+0.052}_{0}$)
Φ50
24×2⊥0.3 EQS
表面镀锌
Ra6.3 (√)
HT200
(单位名称)
顶垫
QJD-05
(投影符号)
标记
处数
分 区
更改文件号
签名
年月日
设计
审核
工艺
批准
阶段标记
重量
比例
440
1:1
共 张 第 张

图 6-40 顶垫

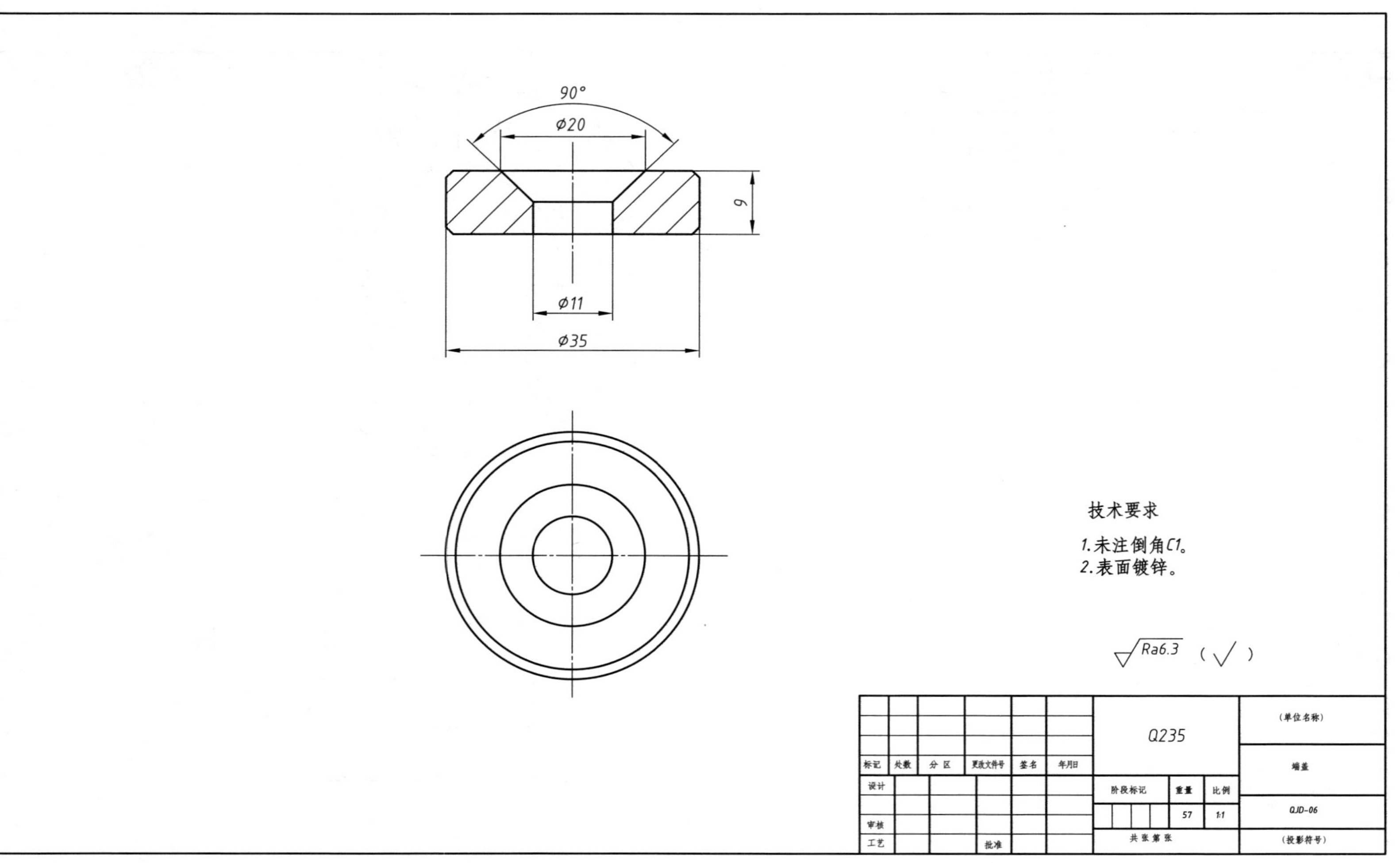
90°
Ø20
6
Ø11
Ø35
技术要求
1.未注倒角C1。
2.表面镀锌。
Ra6.3 （√）
标记 处数 分区 更改文件号 签名 年月日
设计
审核
工艺
批准
Q235
阶段标记 重量 比例
57 1:1
共 张 第 张
（单位名称）
端盖
QJD-06
（投影符号）

图 6-41 端盖

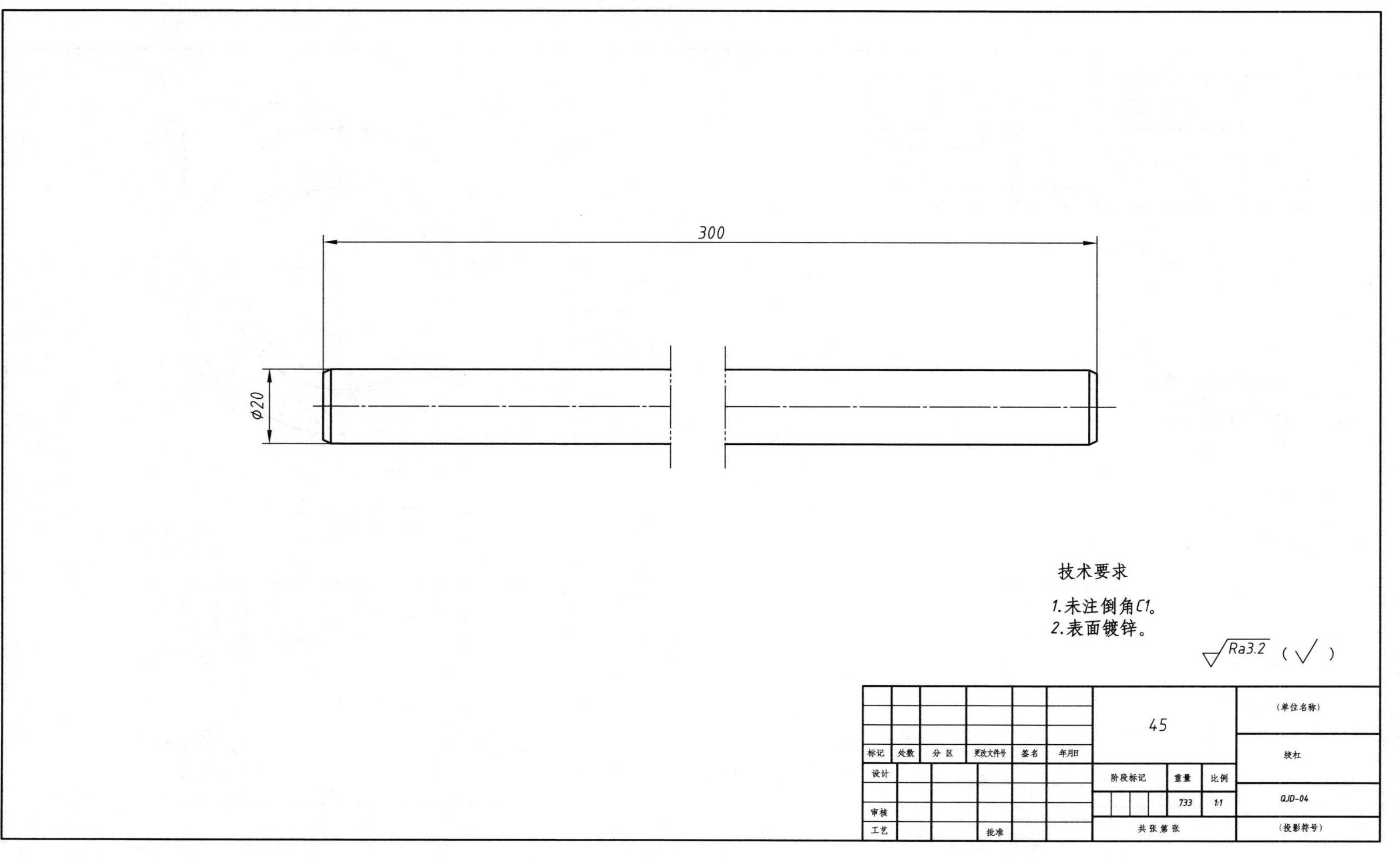

300
Φ20
技术要求
1.未注倒角C1。
2.表面镀锌。
Ra3.2 (√)
45
(单位名称)
绞杠
QJD-04
(投影符号)
标记
处数
分区
更改文件号
签名
年月日
设计
审核
工艺
批准
阶段标记
重量
比例
733
1:1
共 张 第 张

图 6-42　绞杆

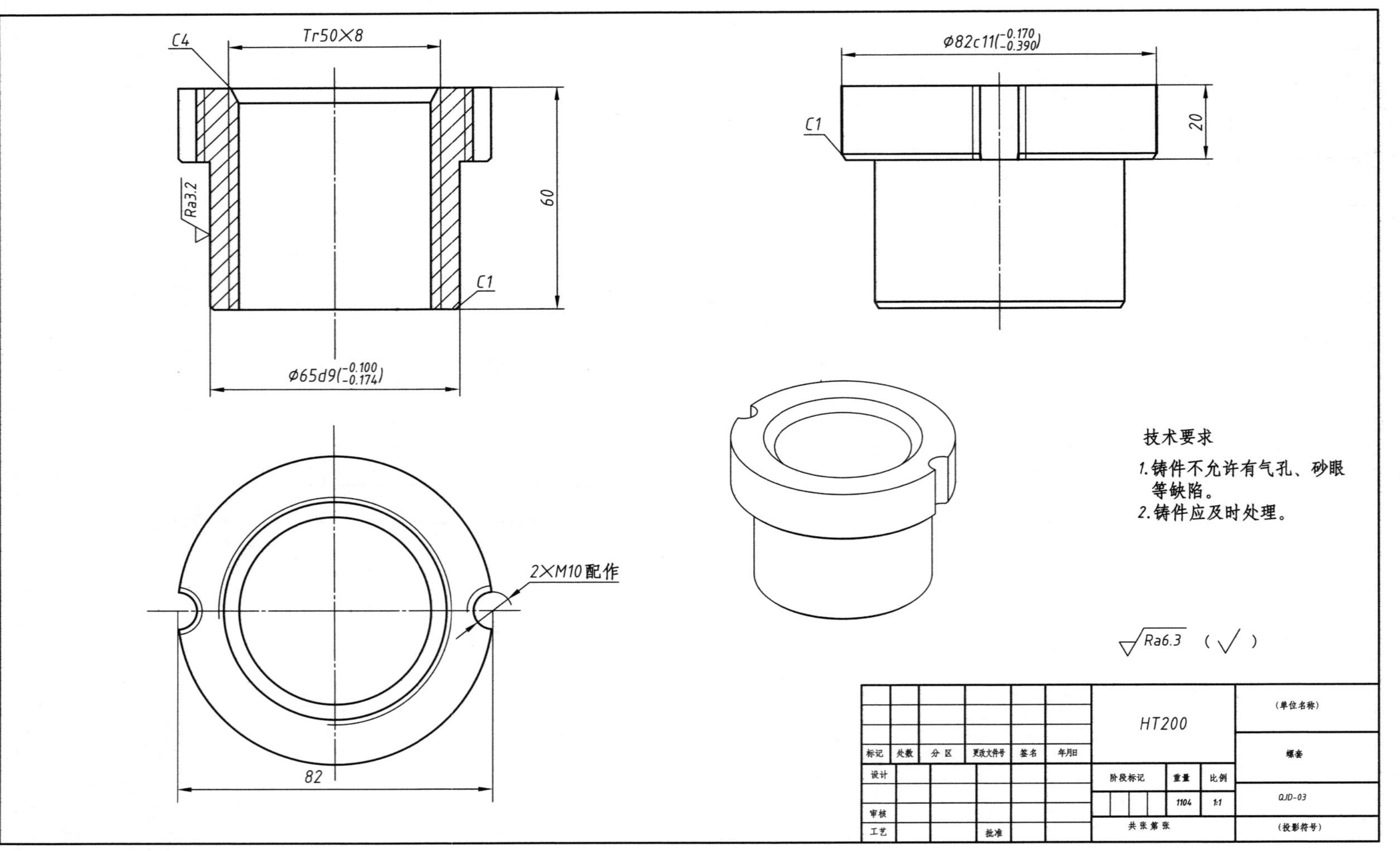
C4
Tr50×8
Ra3.2
60
C1
Φ65d9(-0.100/-0.174)
Φ82c11(-0.170/-0.390)
C1
20
2×M10配作
82
技术要求
1.铸件不允许有气孔、砂眼等缺陷。
2.铸件应及时处理。
Ra6.3 （√）
HT200
(单位名称)
螺套
QJD-03
(投影符号)
标记 处数 分区 更改文件号 签名 年月日
设计
审核
工艺
批准
阶段标记 重量 比例
1104 1:1
共 张 第 张

图 6-43 螺套

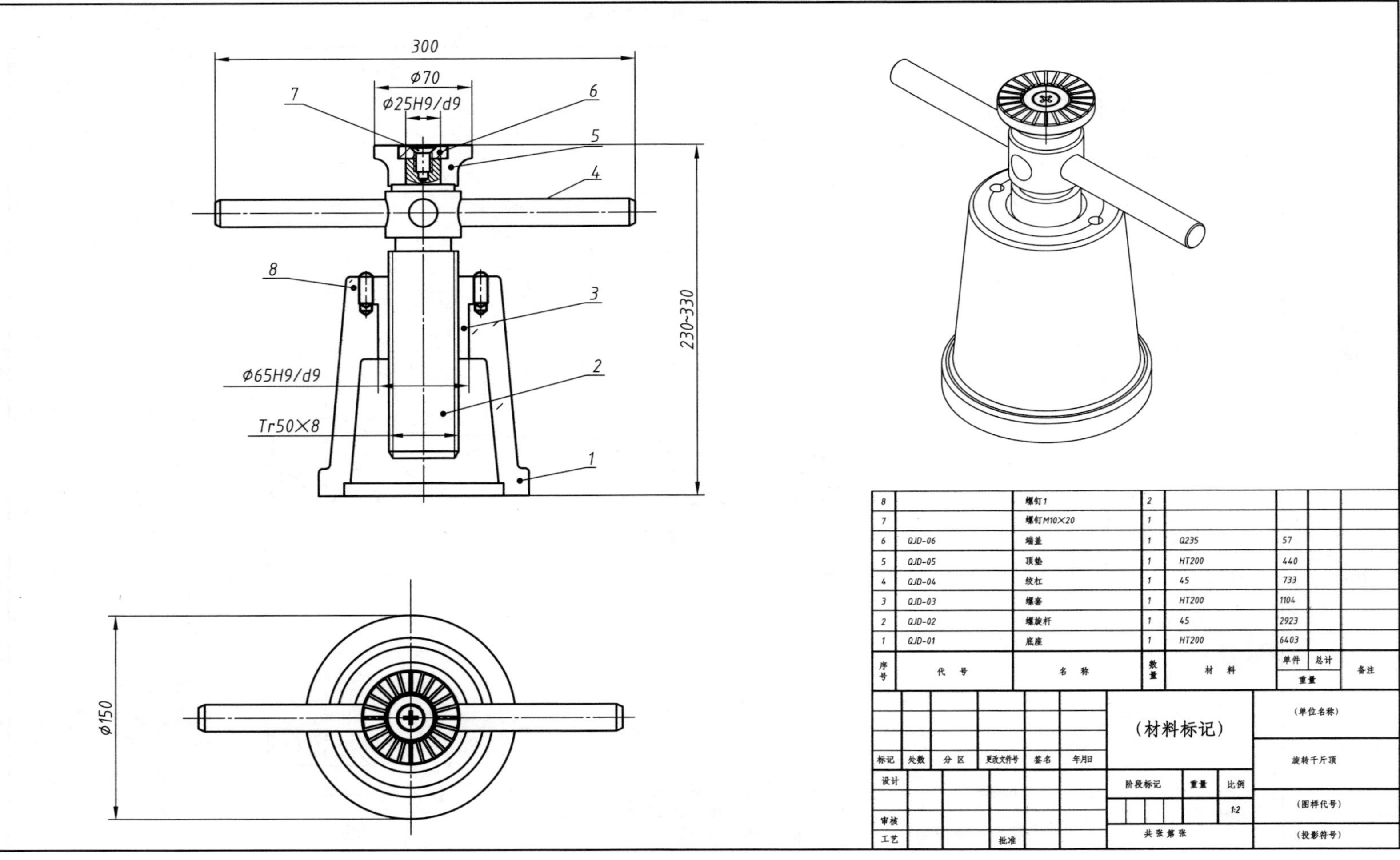

图 6-44 螺旋千斤顶装配体

第五节　球阀测绘图解

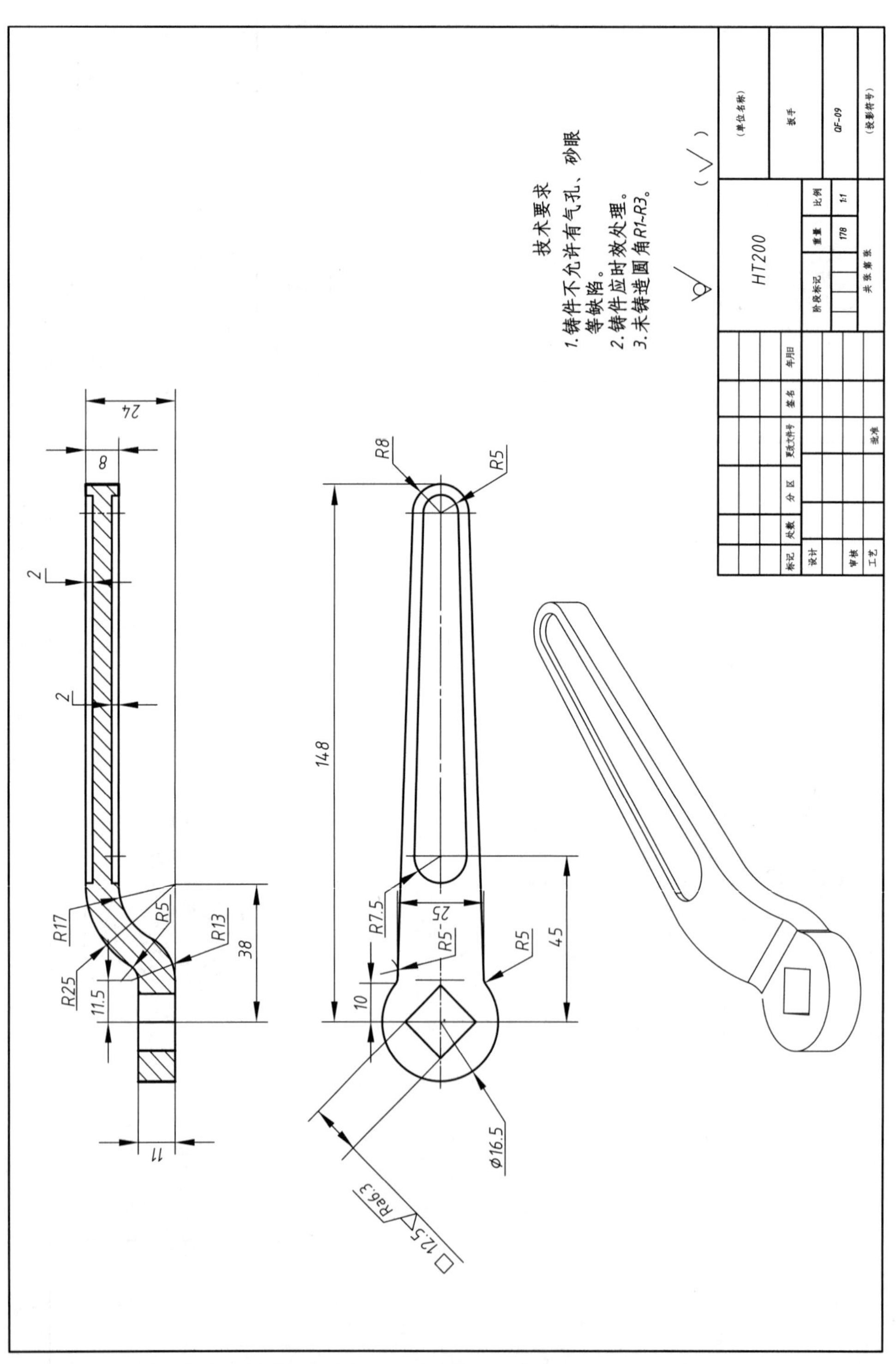

图6-45　板手

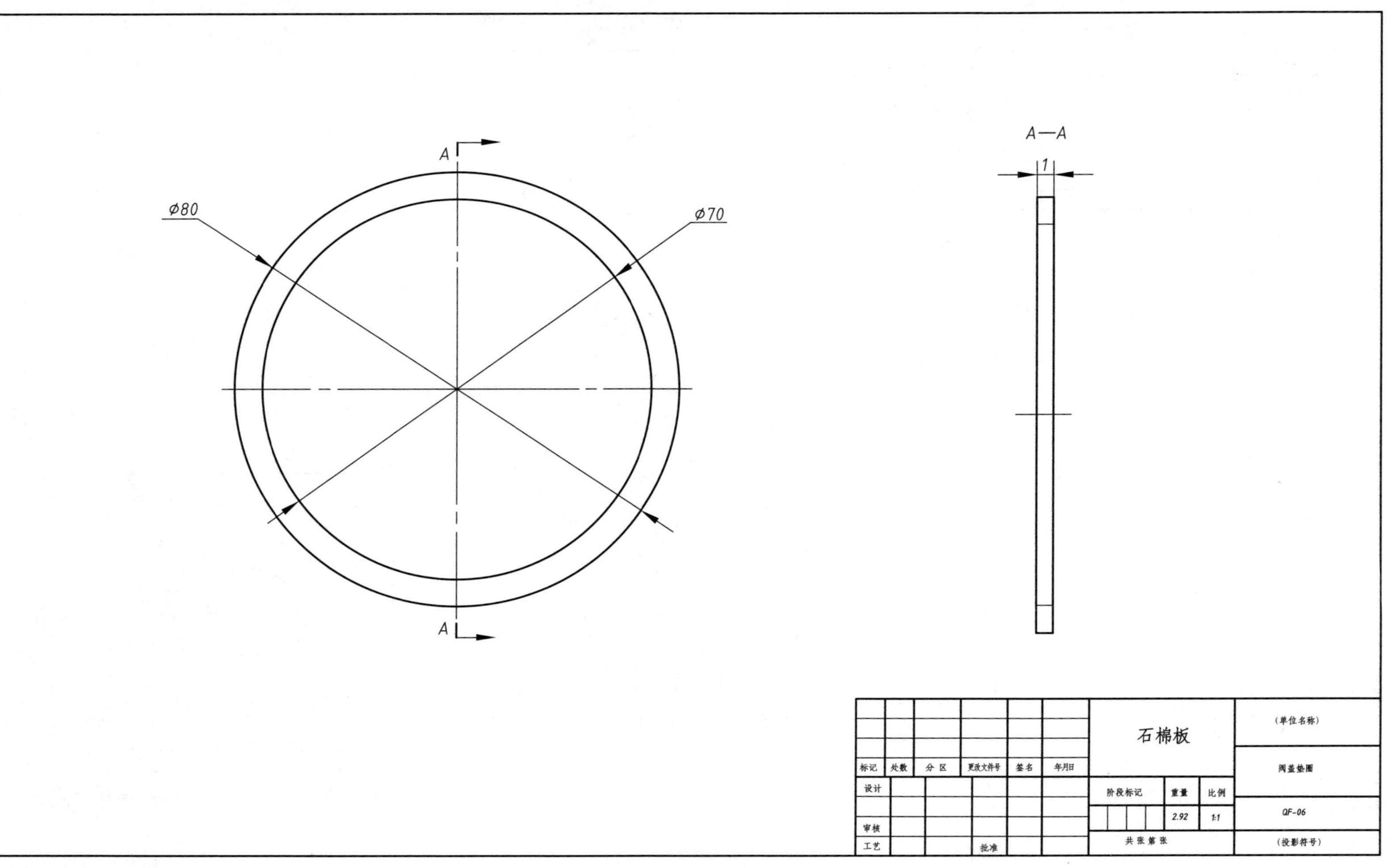

A
Φ80
Φ70
A
A—A
1
标记
处数
分 区
更改文件号
签名
年月日
设计
审核
工艺
批准
石棉板
阶段标记
重量
比例
2.92
1:1
共 张 第 张
（单位名称）
阀盖垫圈
QF-06
（投影符号）

图 6-46　阀盖垫圈

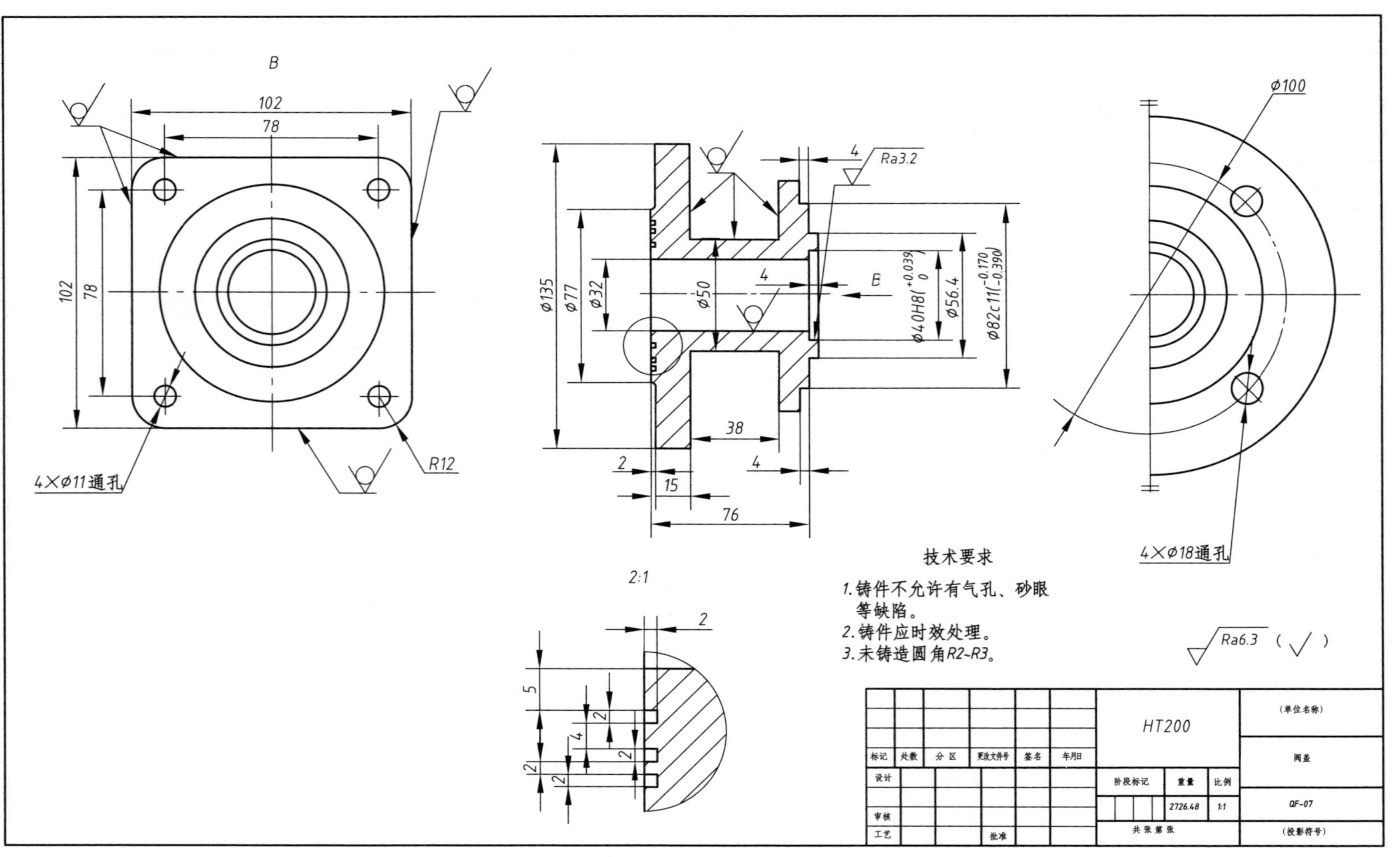
B
102
78
4×φ11通孔
R12
φ135
φ77
φ32
φ50
Ra3.2
B
φ40H8(+0.039 0)
φ56.4
φ82c11(-0.170 -0.390)
38
76
15
φ100
4×φ18通孔
2:1
技术要求
1.铸件不允许有气孔、砂眼等缺陷。
2.铸件应时效处理。
3.未铸造圆角R2~R3。
Ra6.3 (√)
标记 处数 分区 更改文件号 签名 年月日
设计
审核
工艺 批准
HT200
阶段标记 重量 比例
2726.48 1:1
共 张 第 张
(单位名称)
阀盖
QF-07
(投影符号)

图 6-47 阀盖

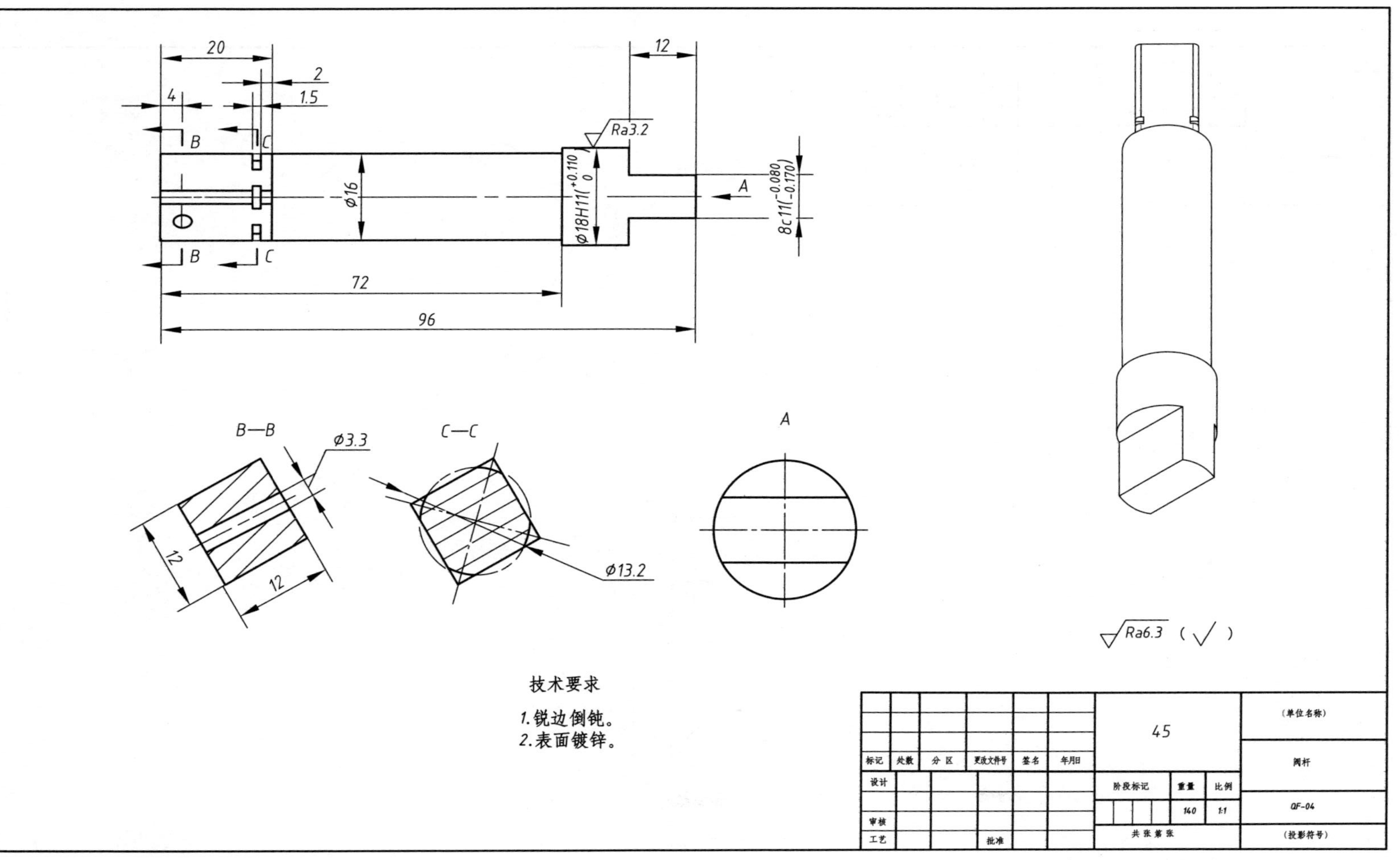

20
4
2
1.5
12
B
C
Ra3.2
Ø16
Ø18H11(+0.110 0)
8c11(-0.080 -0.170)
A
72
96
B—B
Ø3.3
C—C
Ø13.2
12
A
Ra6.3 （√）
技术要求
1.锐边倒钝。
2.表面镀锌。
标记
处数
分区
更改文件号
签名
年月日
设计
审核
工艺
批准
45
阶段标记
重量
比例
140
1:1
共 张 第 张
(单位名称)
阀杆
QF-04
(投影符号)

图 6-48　阀杆

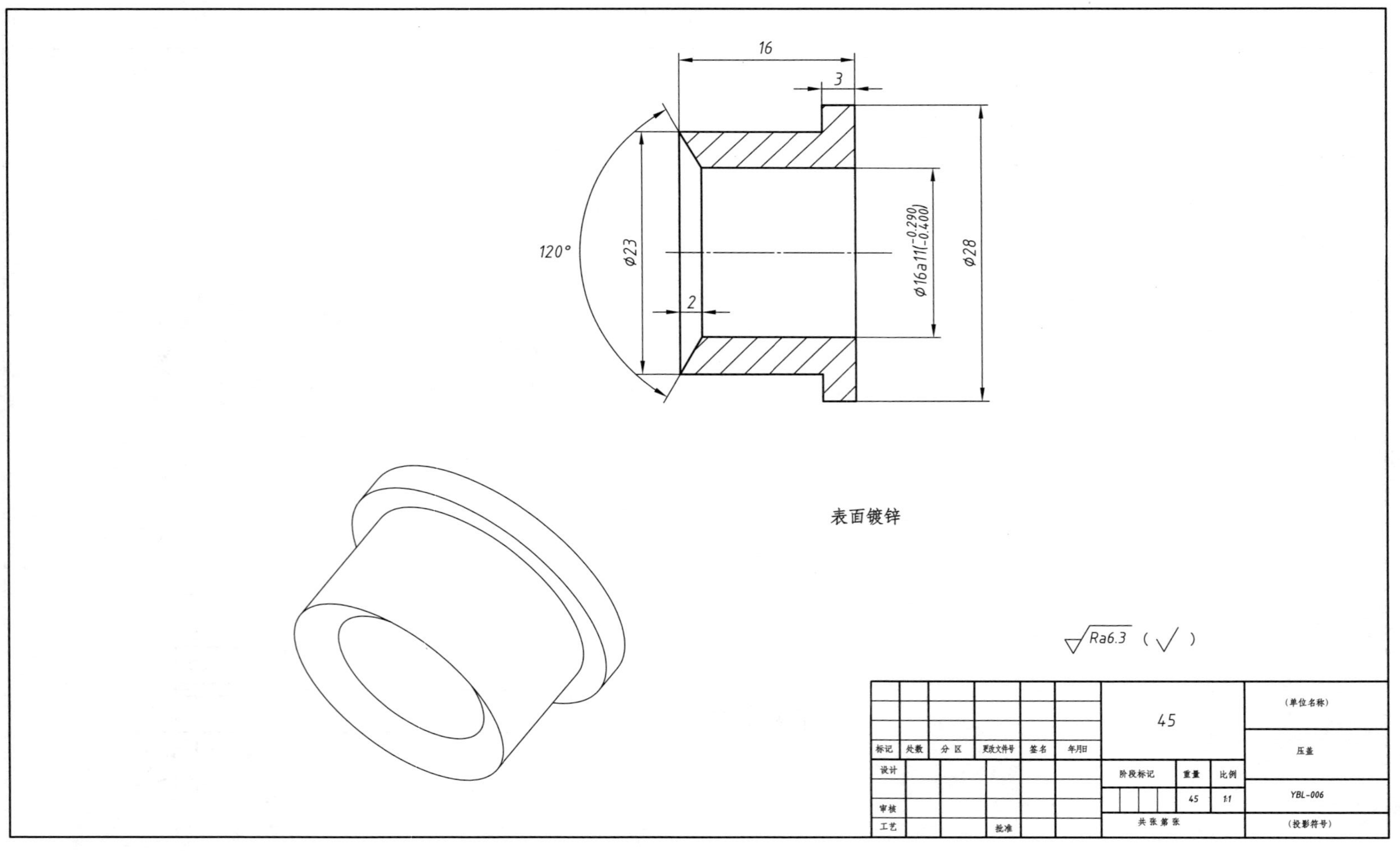
16
3
120°
Φ23
2
Φ16a11(-0.290/-0.400)
Φ28
表面镀锌
Ra6.3（√）
标记
处数
分区
更改文件号
签名
年月日
设计
审核
工艺
批准
45
阶段标记
重量
比例
45
1:1
共 张 第 张
(单位名称)
压盖
YBL-006
(投影符号)

图 6-49 压盖

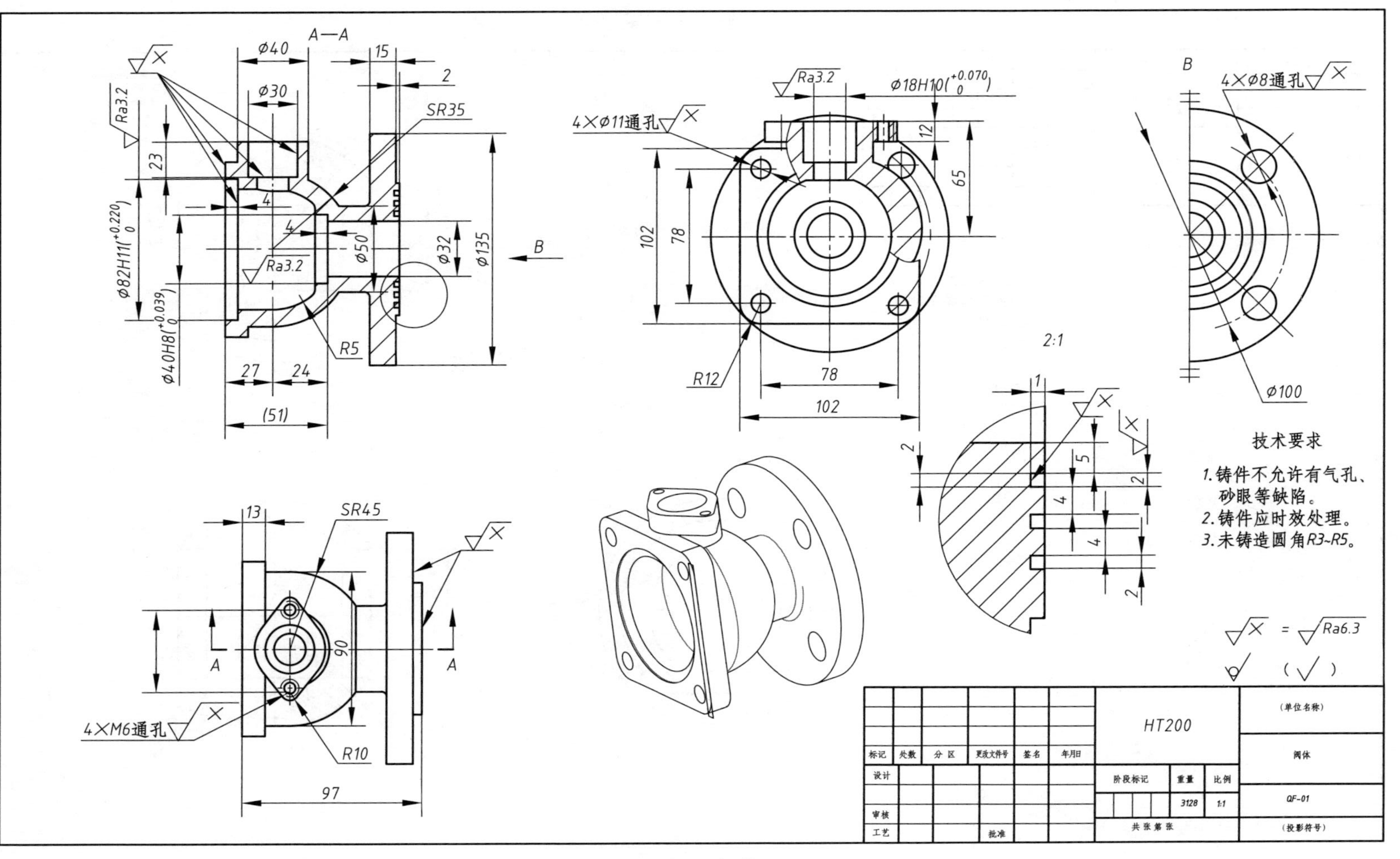
技术要求
1.铸件不允许有气孔、砂眼等缺陷。
2.铸件应时效处理。
3.未铸造圆角R3-R5。
A—A
B
2:1
HT200
阀体
QF-01

图 6-50 阀体

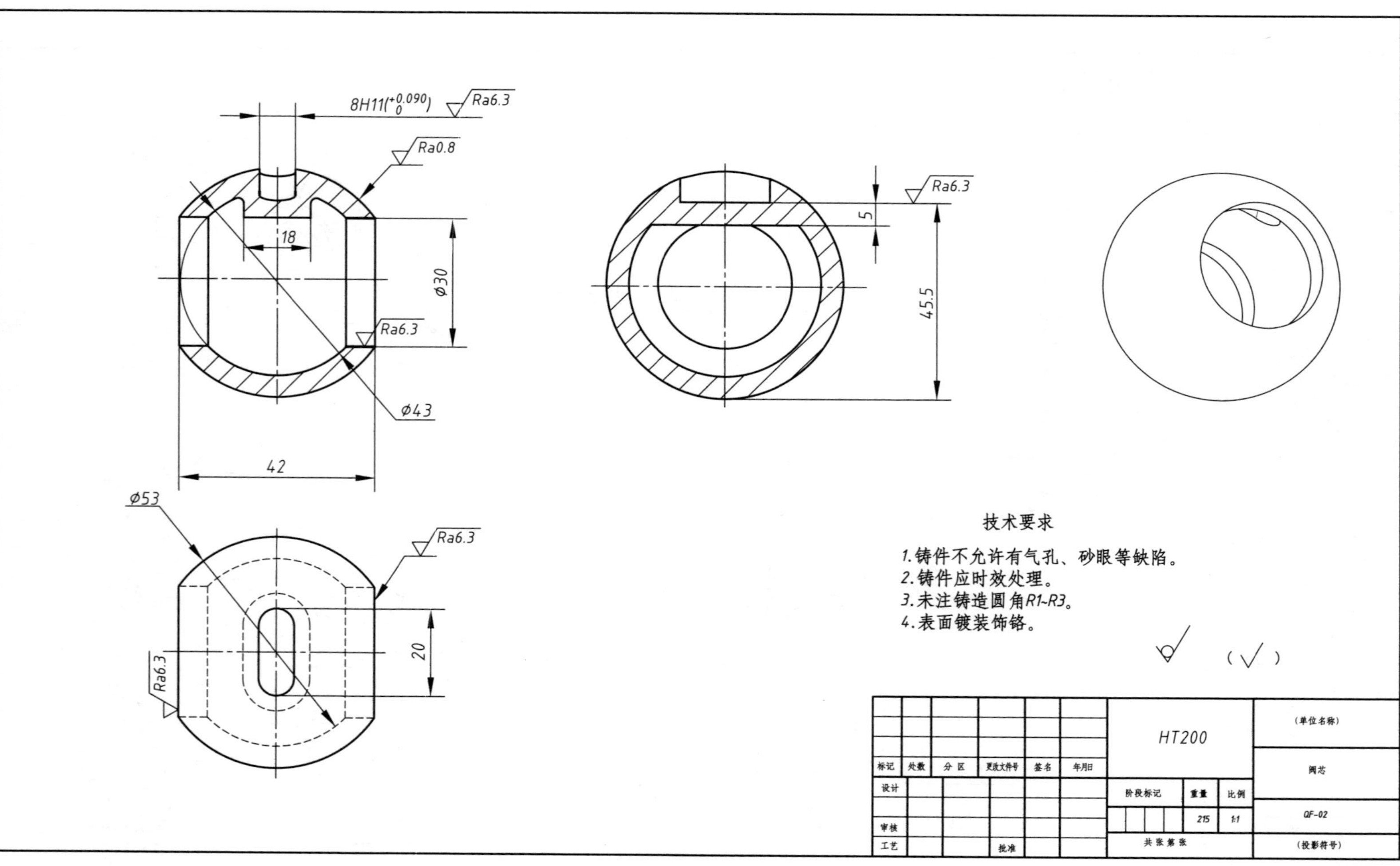

8H11($^{+0.090}_{0}$)
Ra6.3
Ra0.8
18
φ30
Ra6.3
φ43
42
Ra6.3
5
45.5
φ53
Ra6.3
20
Ra6.3
技术要求
1.铸件不允许有气孔、砂眼等缺陷。
2.铸件应时效处理。
3.未注铸造圆角R1-R3。
4.表面镀装饰铬。
（√）
HT200
(单位名称)
阀芯
QF-02
(投影符号)
标记 处数 分区 更改文件号 签名 年月日
设计
审核
工艺
批准
阶段标记 重量 比例
215 1:1
共 张 第 张

图 6-51 阀芯

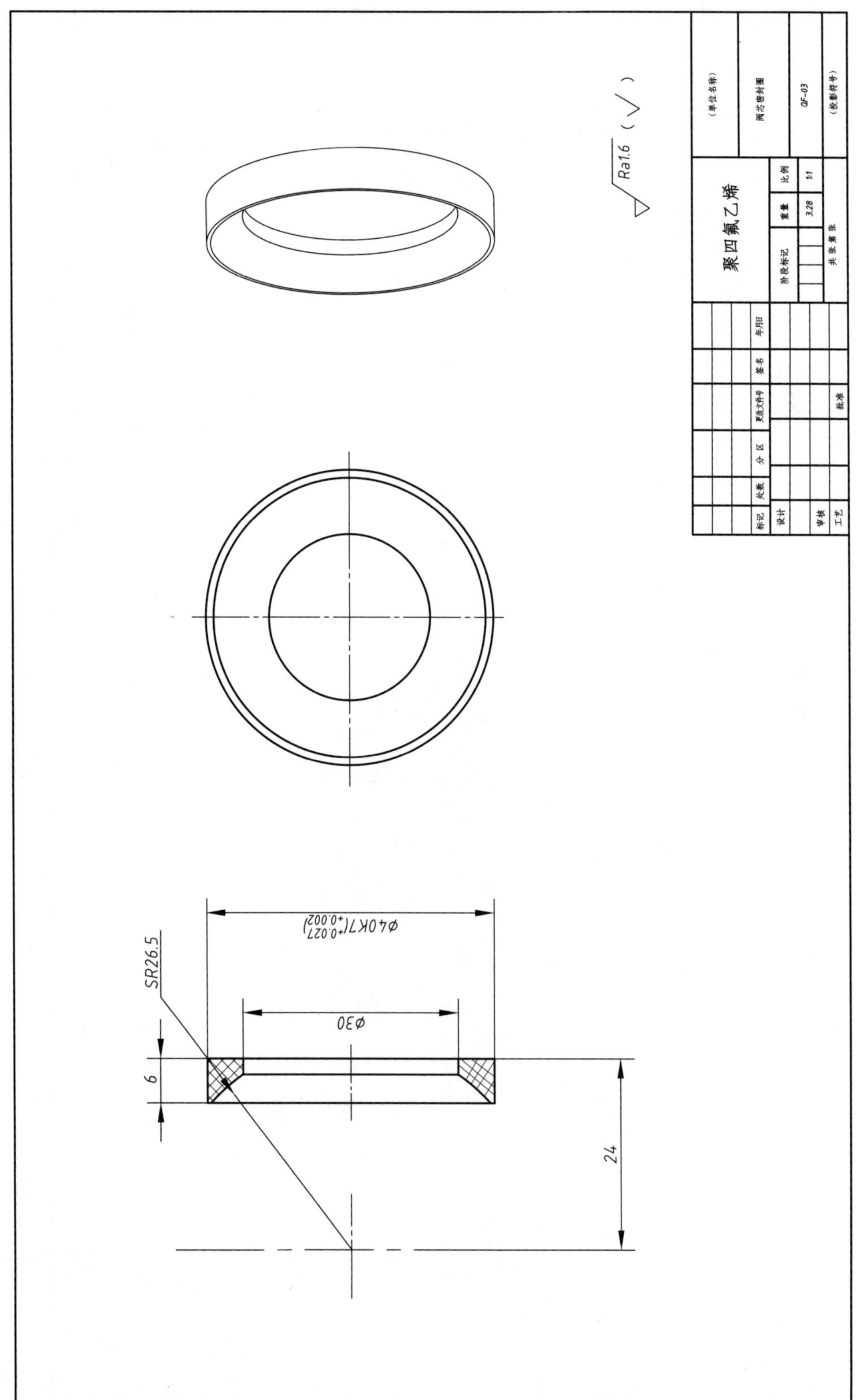

Ra1.6 (√)
(单位名称)
阀芯密封圈
QF-03
(投影符号)
聚四氟乙烯
阶段标记
重量
比例
3.28
1:1
共 张 第 张
标记
处数
分 区
更改文件号
签名
年月日
设计
审核
工艺
批准
φ40K7(+0.027/+0.002)
φ30
SR26.5
6
24

图 6-52　阀芯密封圈

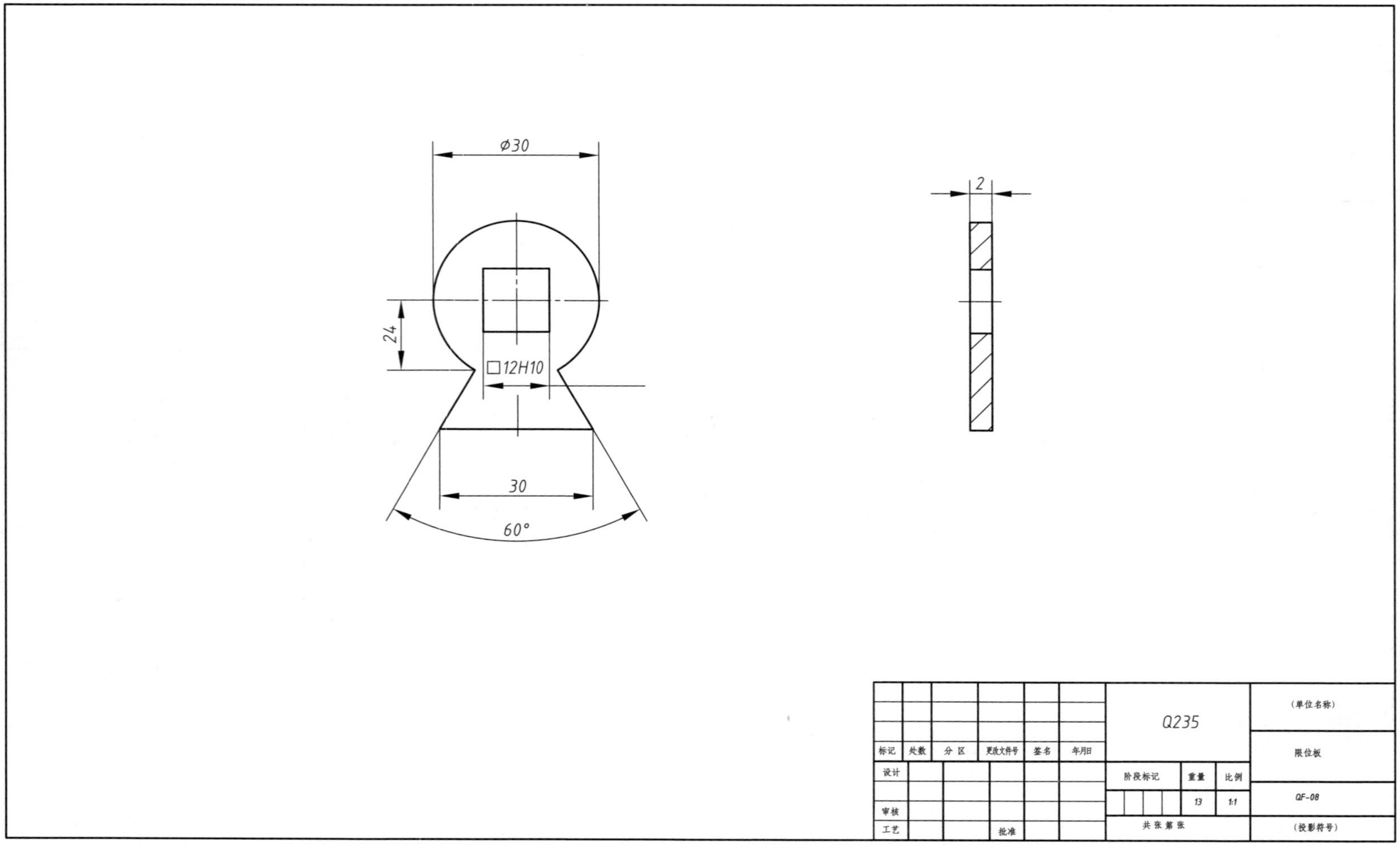

φ30
24
□12H10
30
60°
2
标记
处数
分 区
更改文件号
签名
年月日
设计
审核
工艺
批准
Q235
阶段标记
重量
比例
13
1:1
共 张 第 张
(单位名称)
限位板
QF-08
(投影符号)

图 6-53　限位板

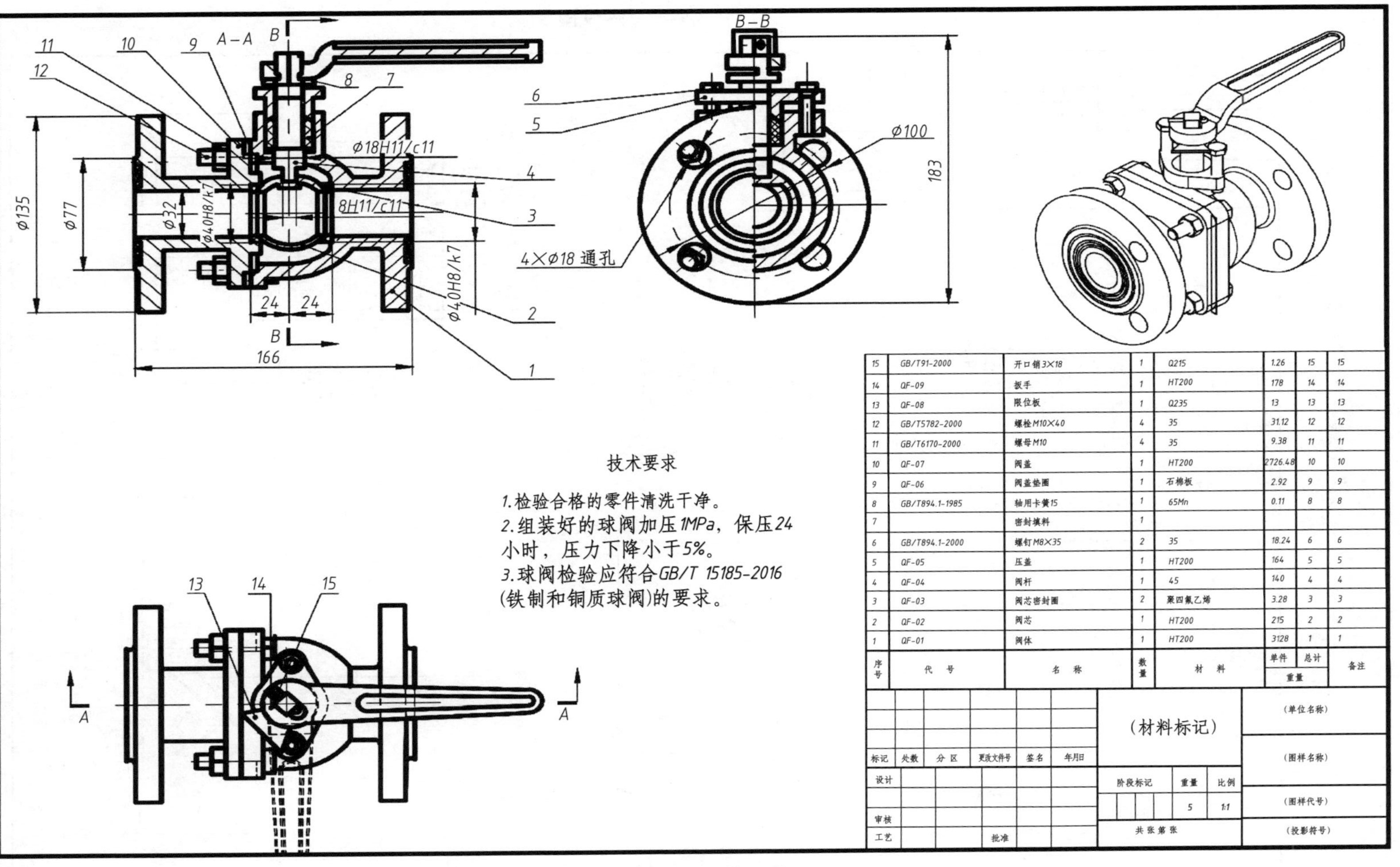

序号	代号	名称	数量	材料	单件重量	总计重量	备注
15	GB/T91-2000	开口销3×18	1	Q215	1.26	15	15
14	QF-09	扳手	1	HT200	178	14	14
13	QF-08	限位板	1	Q235	13	13	13
12	GB/T5782-2000	螺栓M10×40	4	35	31.12	12	12
11	GB/T6170-2000	螺母M10	4	35	9.38	11	11
10	QF-07	阀盖	1	HT200	2726.48	10	10
9	QF-06	阀盖垫圈	1	石棉板	2.92	9	9
8	GB/T894.1-1985	轴用卡簧15	1	65Mn	0.11	8	8
7		密封填料	1				
6	GB/T894.1-2000	螺钉M8×35	2	35	18.24	6	6
5	QF-05	压盖	1	HT200	164	5	5
4	QF-04	阀杆	1	45	140	4	4
3	QF-03	阀芯密封圈	2	聚四氟乙烯	3.28	3	3
2	QF-02	阀芯	1	HT200	215	2	2
1	QF-01	阀体	1	HT200	3128	1	1

图 6-54　球阀装配体

第六节　台虎钳测绘图解

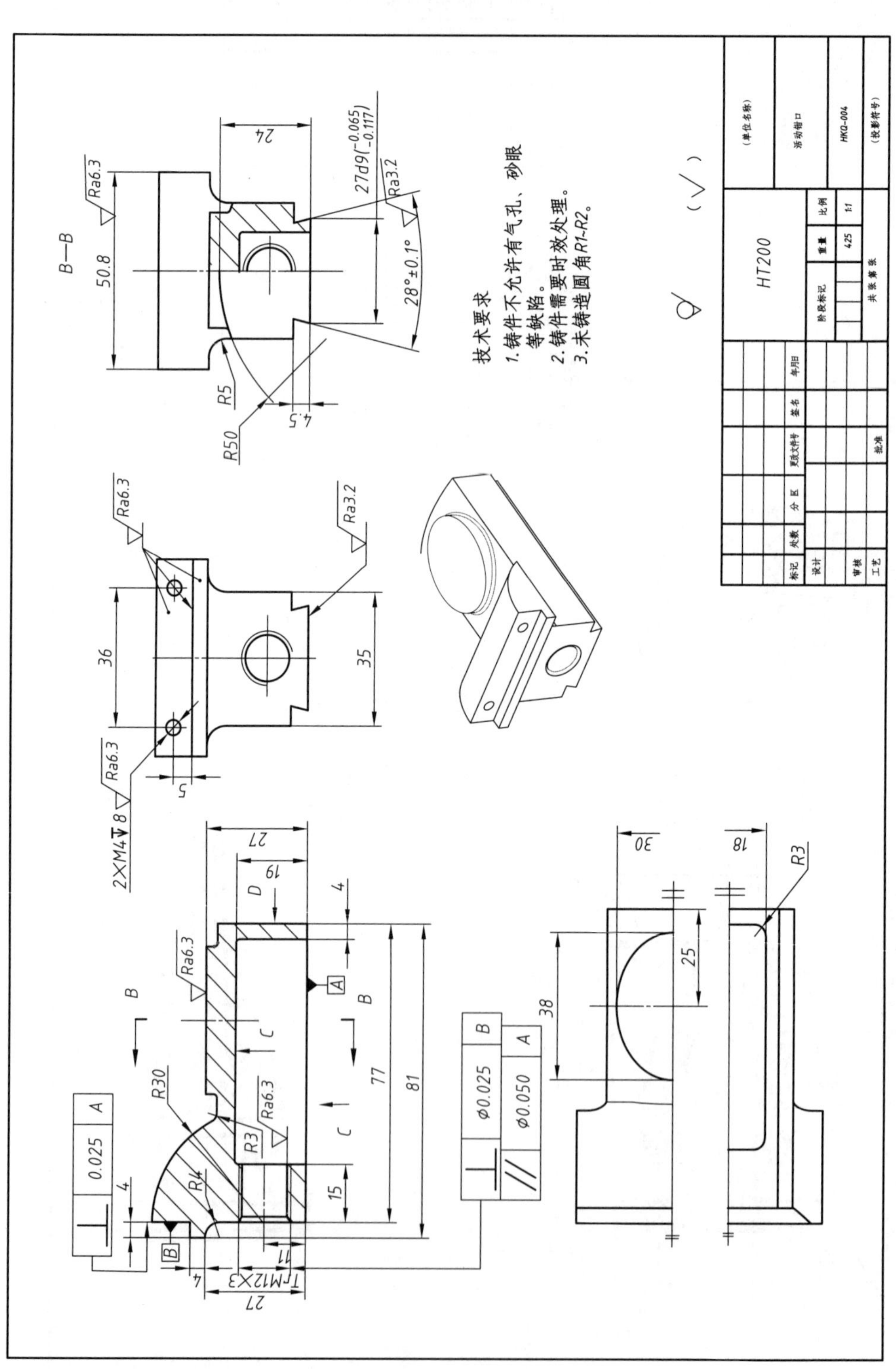

图6-55　活动钳口

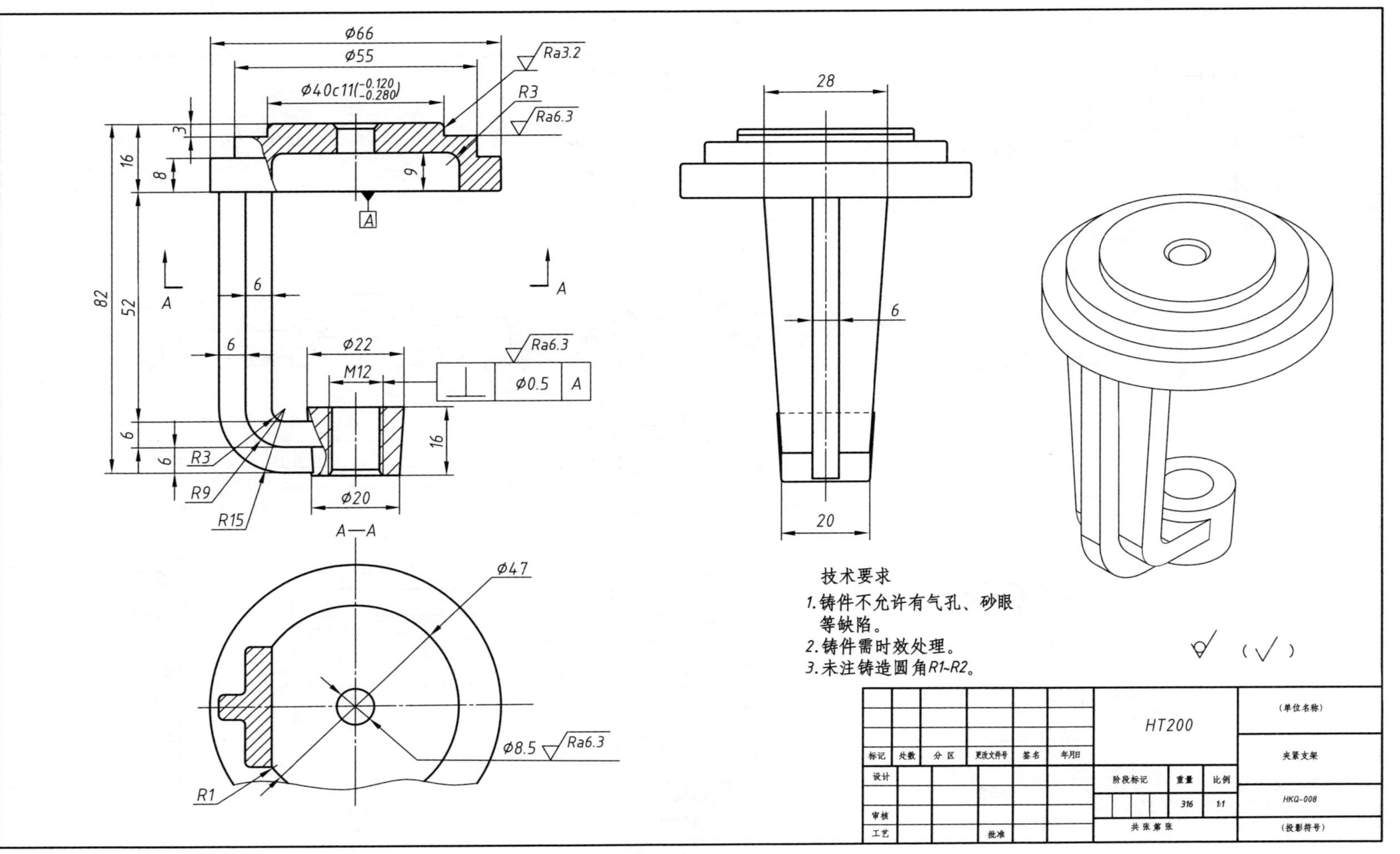
技术要求
1.铸件不允许有气孔、砂眼等缺陷。
2.铸件需时效处理。
3.未注铸造圆角R1~R2。
HT200
夹紧支架
HKQ-008
A—A

图 6-56　夹紧支架

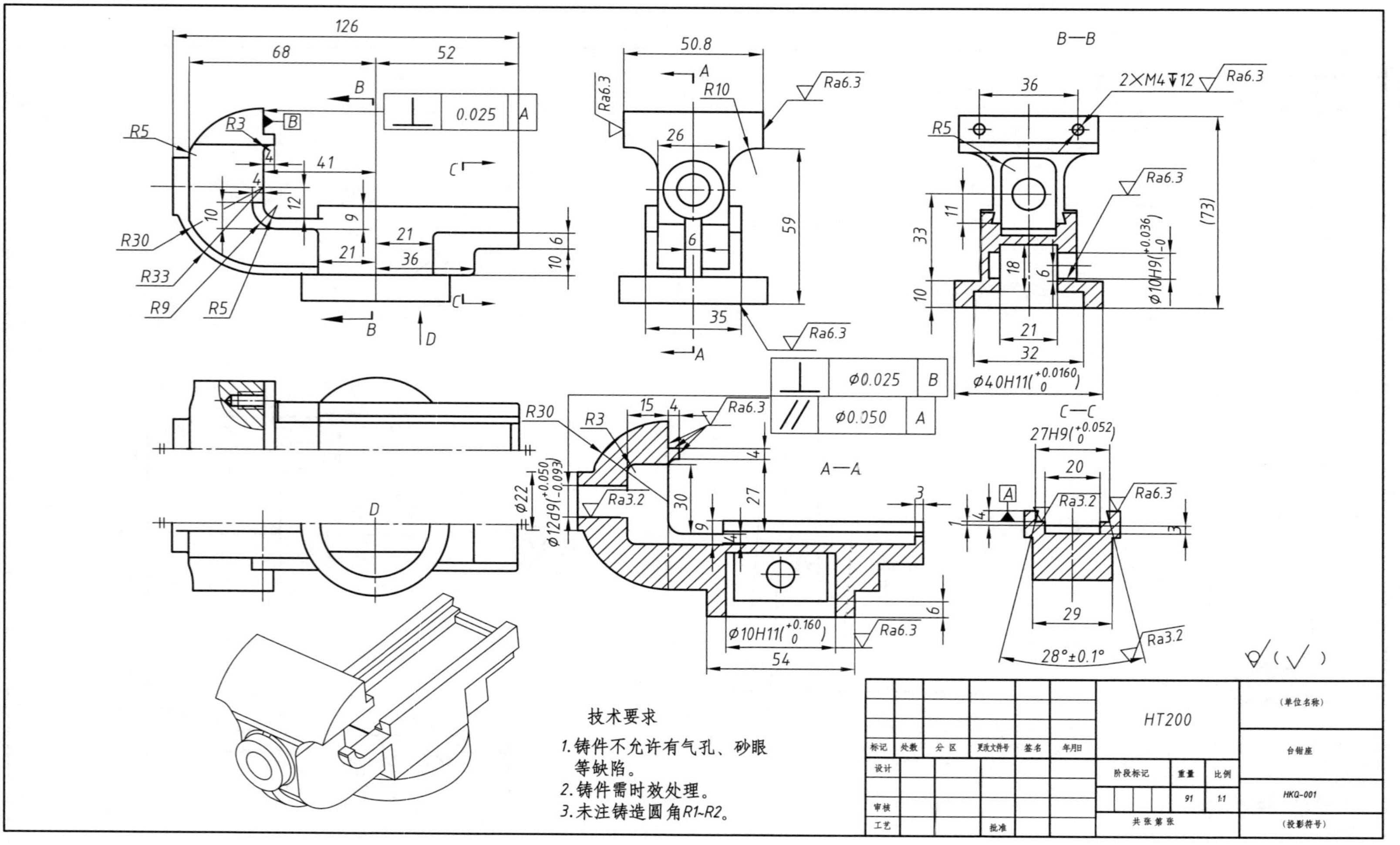
B—B
A—A
C—C
技术要求
1.铸件不允许有气孔、砂眼等缺陷。
2.铸件需时效处理。
3.未注铸造圆角R1~R2。
HT200
台钳座
HKQ-001
28°±0.1°

图 6-57 台钳座

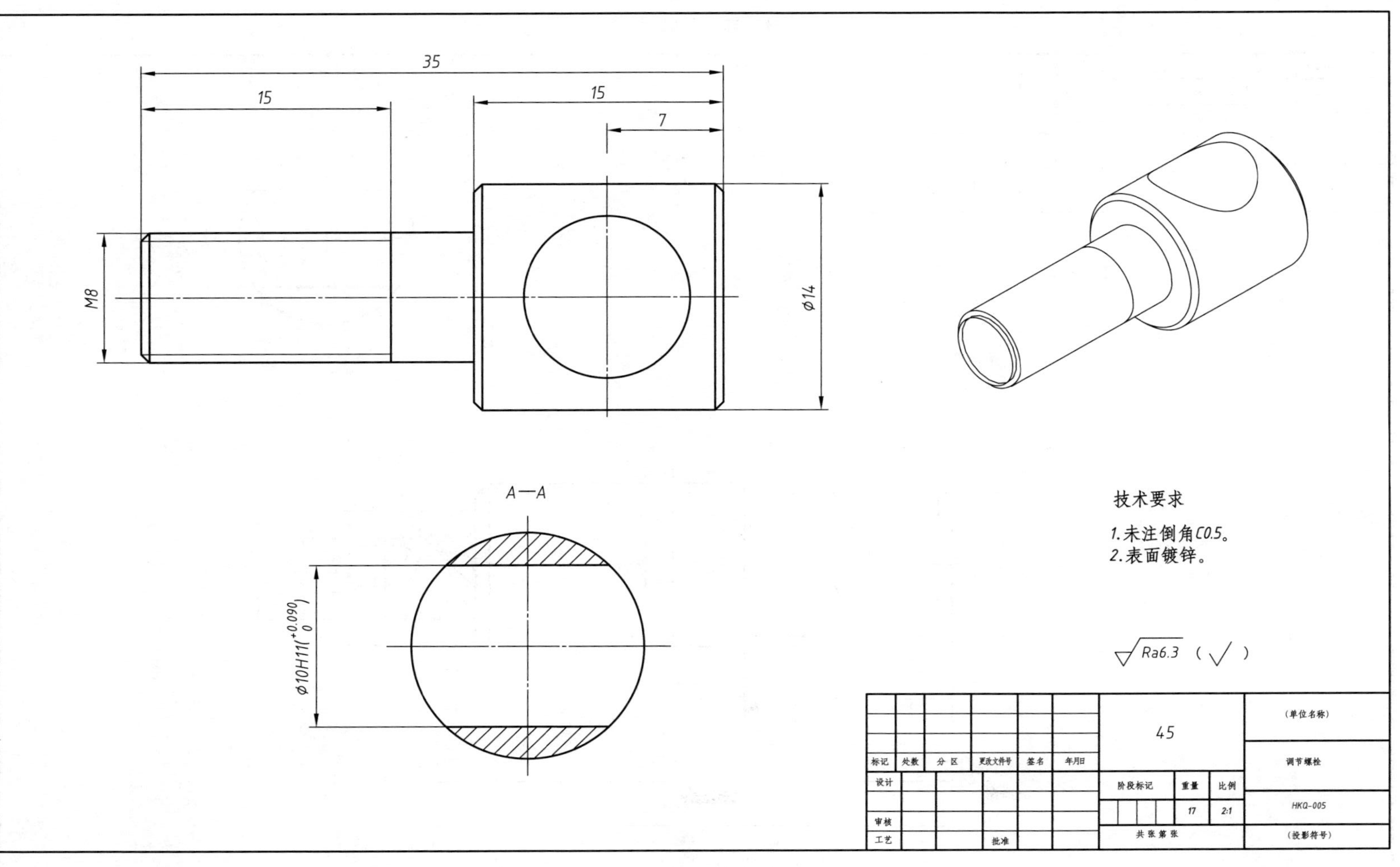
35
15
15
7
M8
Ø14
A—A
Ø10H11(+0.090 0)
技术要求
1.未注倒角C0.5。
2.表面镀锌。
Ra6.3（√）
45
(单位名称)
调节螺栓
标记
处数
分区
更改文件号
签名
年月日
设计
审核
工艺
批准
阶段标记
重量
比例
17
2:1
HKQ-005
共 张 第 张
(投影符号)

图 6-58　调节螺栓

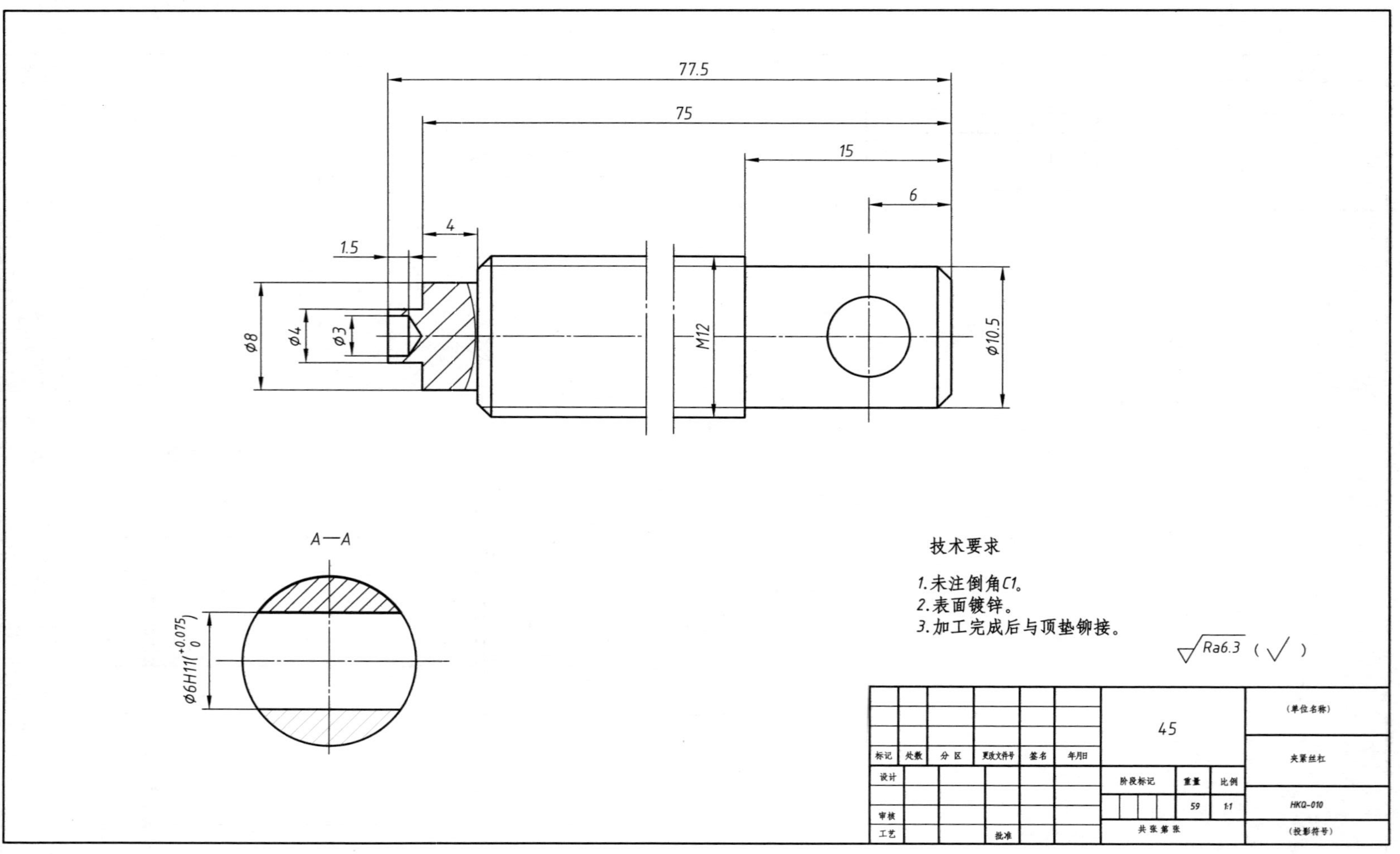

77.5
75
15
6
4
1.5
Ø8
Ø4
Ø3
M12
Ø10.5
A—A
Ø6H11(+0.075 0)
技术要求
1.未注倒角C1。
2.表面镀锌。
3.加工完成后与顶垫铆接。
Ra6.3 （√）
45
(单位名称)
夹紧丝杠
HKQ-010
(投影符号)
标记 处数 分区 更改文件号 签名 年月日
设计
审核
工艺
批准
阶段标记 重量 比例
59 1:1
共 张 第 张

图 6-59 夹紧丝杠

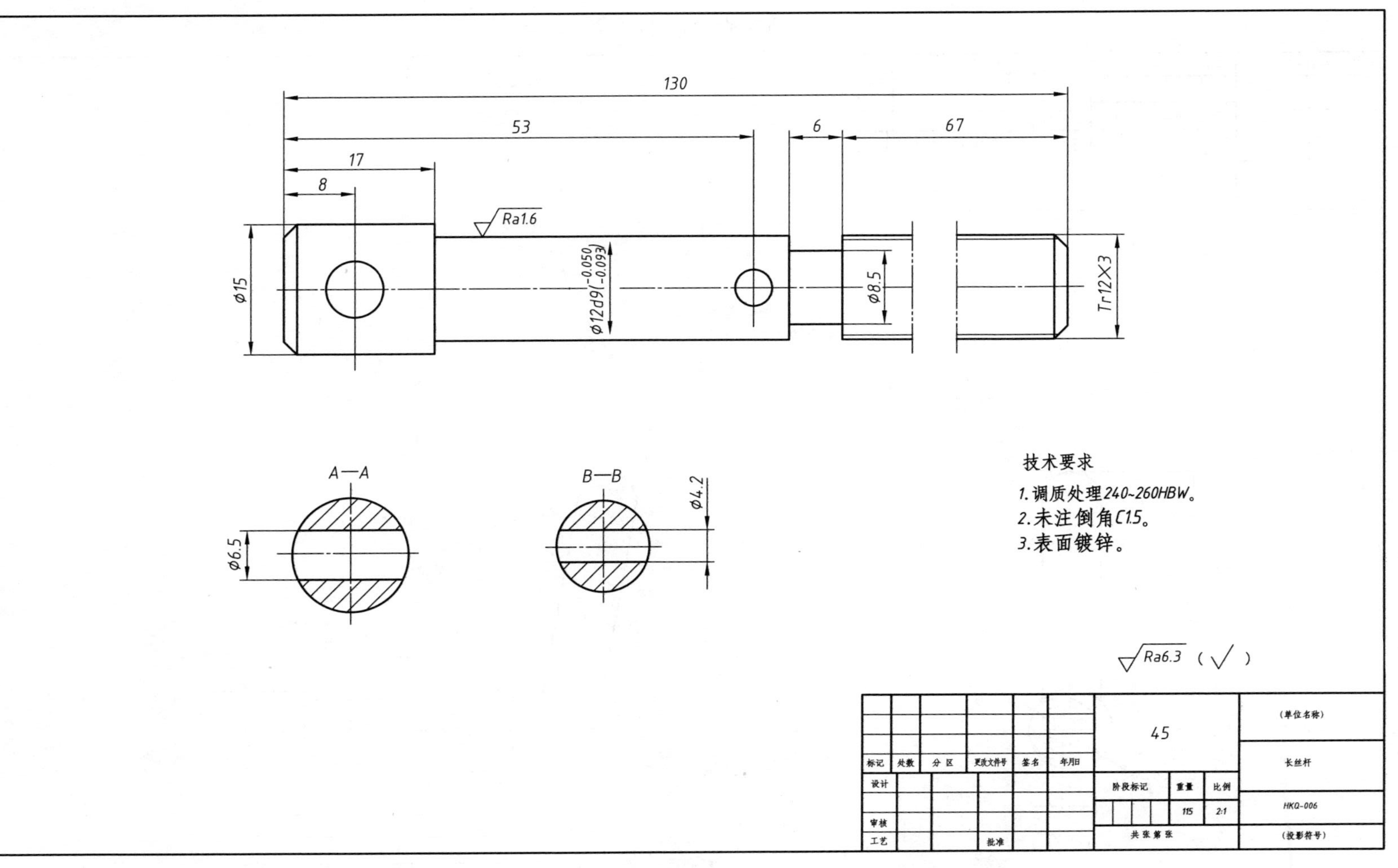
130
53
6
67
17
8
Ra1.6
φ15
φ12d9(-0.050 -0.093)
φ8.5
Tr12×3
A—A
B—B
φ6.5
φ4.2
技术要求
1.调质处理240~260HBW。
2.未注倒角C1.5。
3.表面镀锌。
Ra6.3 (√)
45
(单位名称)
长丝杆
HKQ-006
(投影符号)
标记
处数
分区
更改文件号
签名
年月日
设计
审核
工艺
批准
阶段标记
重量
比例
115
2:1
共 张 第 张

图 6-60　长丝杠

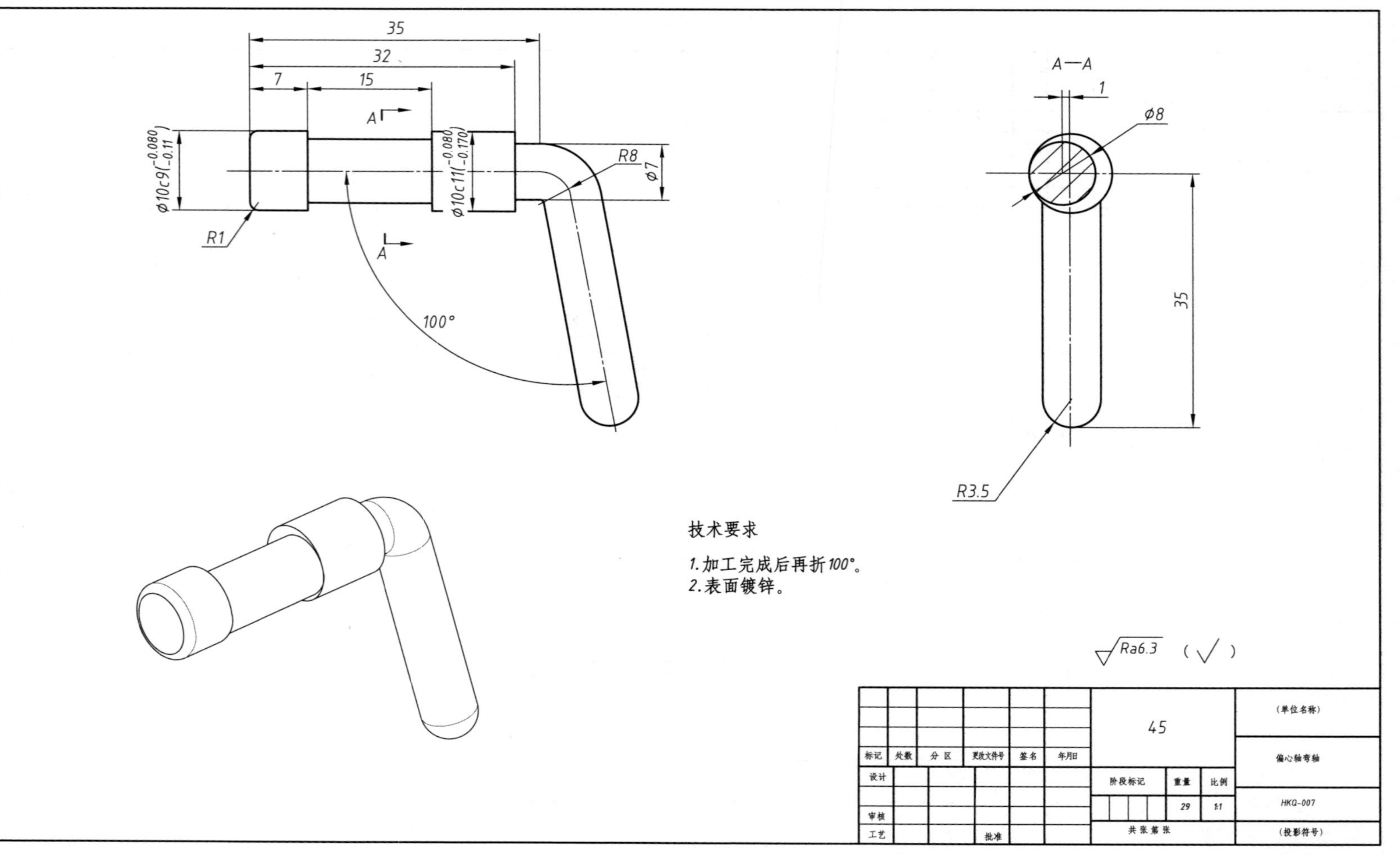
35
32
7
15
A
A
Ø10c9(-0.080 -0.11)
Ø10c11(-0.080 -0.170)
R8
Ø7
R1
100°
A—A
1
Ø8
35
R3.5
技术要求
1.加工完成后再折100°。
2.表面镀锌。
Ra6.3 （√）
45
(单位名称)
偏心轴弯轴
HKQ-007
(投影符号)
标记
处数
分 区
更改文件号
签名
年月日
设计
审核
工艺
批准
阶段标记
重量
比例
29
1:1
共 张 第 张

图 6-61 偏心轴弯轴

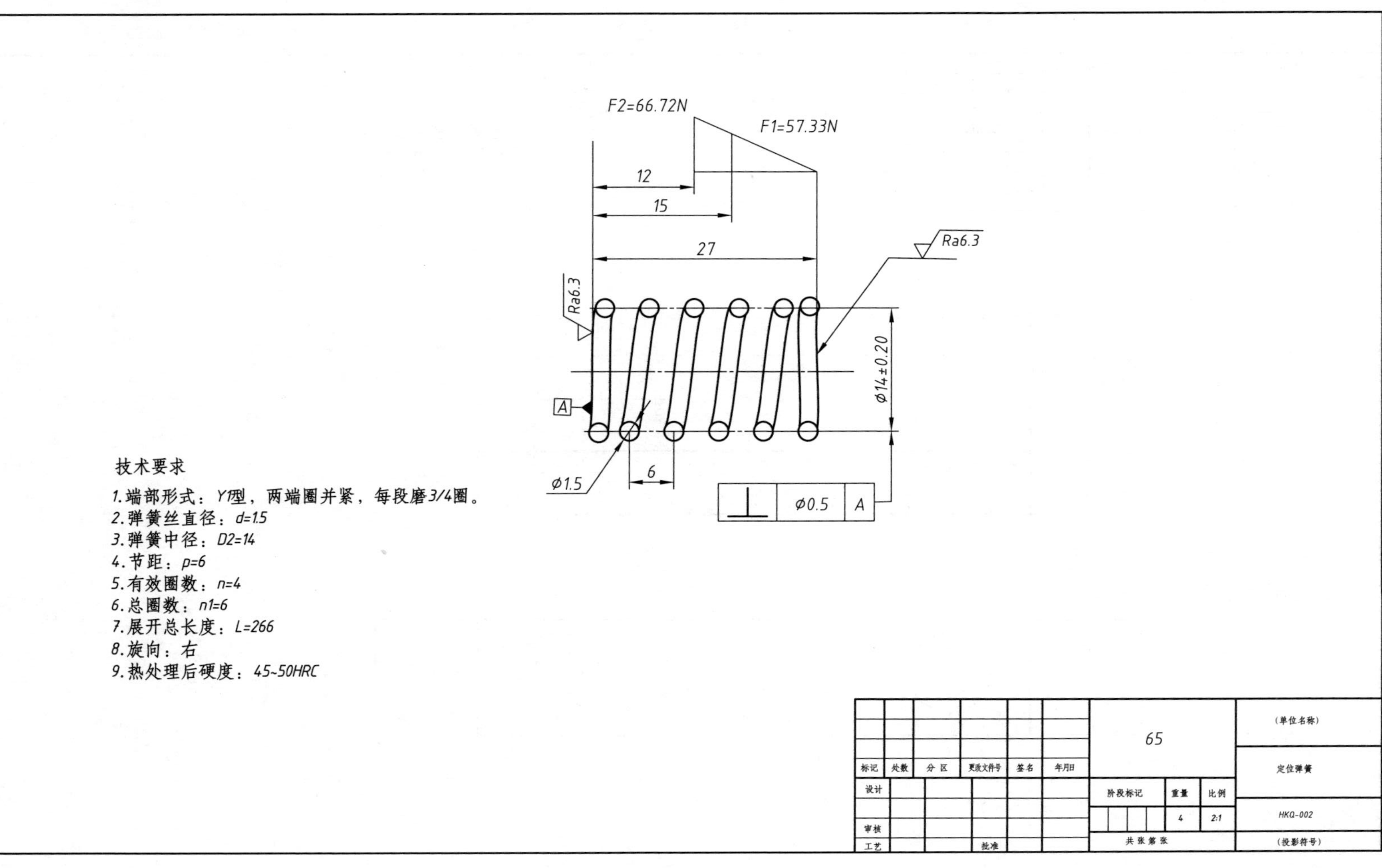

F2=66.72N
F1=57.33N
12
15
27
Ra6.3
Ra6.3
A
⌀14±0.20
⌀1.5
6
⌀0.5 A
技术要求
1.端部形式：Y型，两端圈并紧，每段磨3/4圈。
2.弹簧丝直径：d=1.5
3.弹簧中径：D2=14
4.节距：p=6
5.有效圈数：n=4
6.总圈数：n1=6
7.展开总长度：L=266
8.旋向：右
9.热处理后硬度：45~50HRC
标记 处数 分区 更改文件号 签名 年月日
设计
审核
工艺
批准
65
阶段标记
重量
比例
4
2:1
共 张 第 张
(单位名称)
定位弹簧
HKQ-002
(投影符号)

图 6-62　定位弹簧

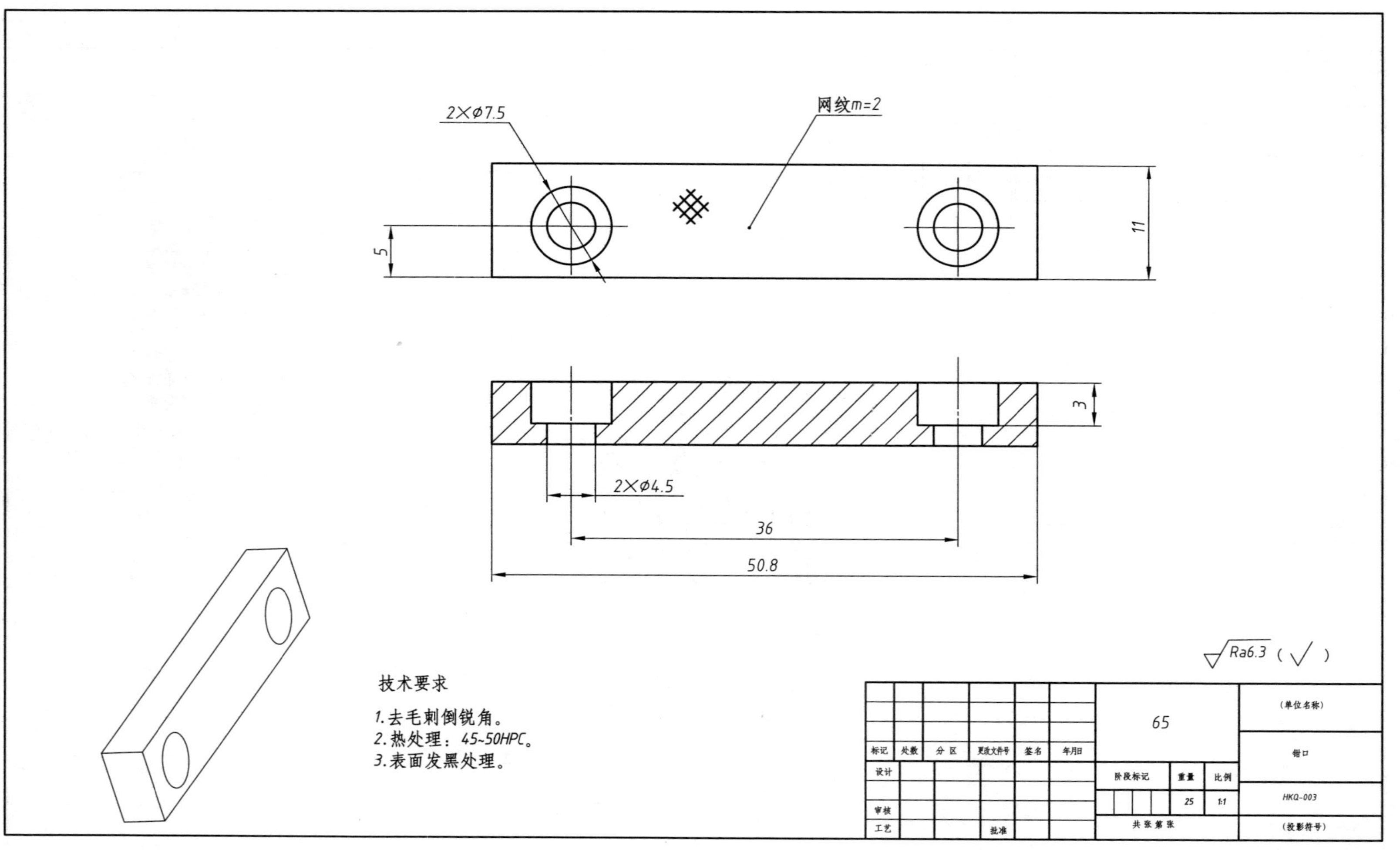
2×φ7.5
网纹m=2
5
11
3
2×φ4.5
36
50.8
Ra6.3（√）
技术要求
1.去毛刺倒锐角。
2.热处理：45~50HPC。
3.表面发黑处理。
标记
处数
分 区
更改文件号
签名
年月日
设计
审核
工艺
批准
65
阶段标记
重量
比例
25
1:1
共 张 第 张
（单位名称）
钳口
HKQ-003
（投影符号）

图 6-63　钳口

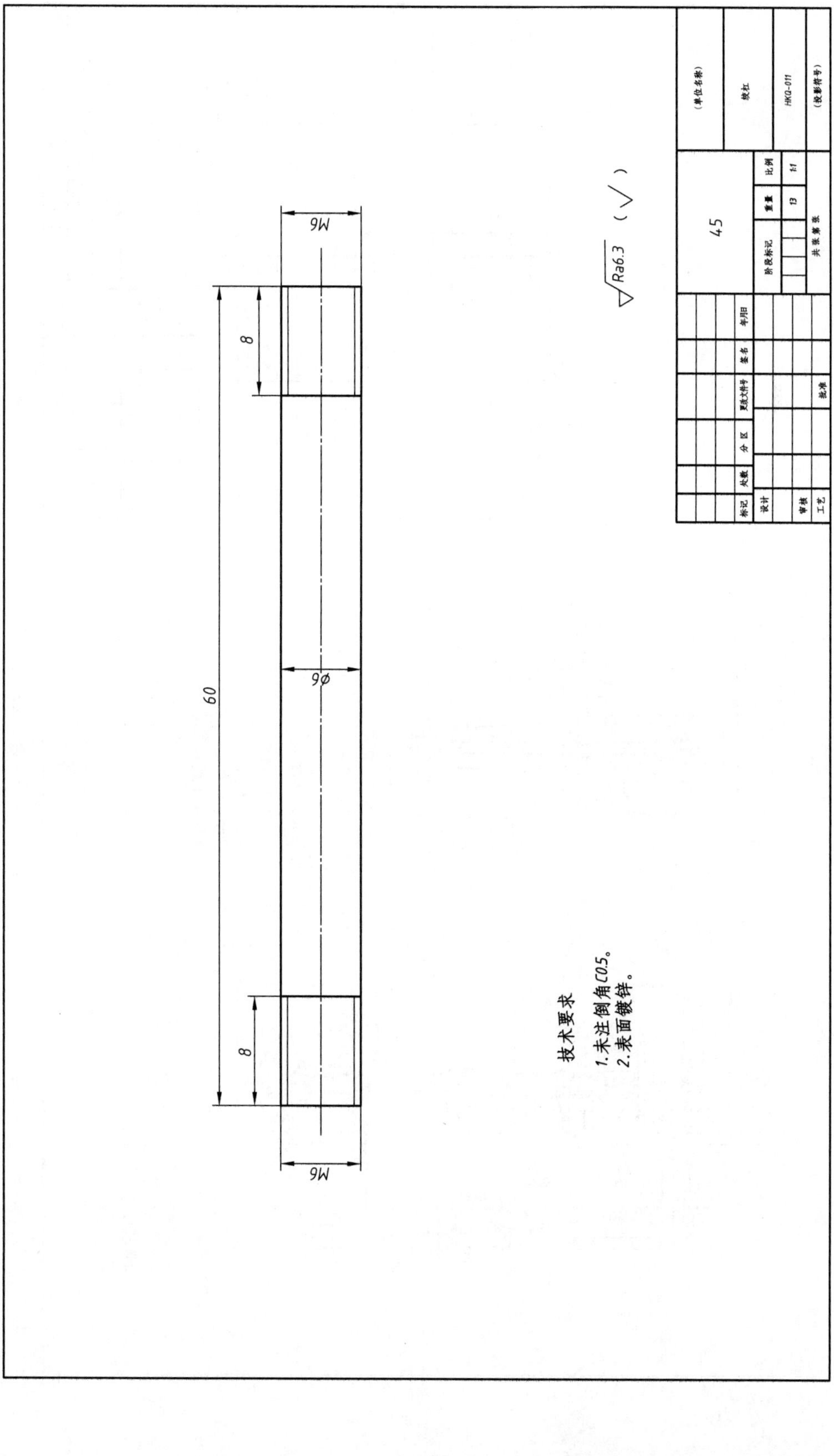

60
8
8
M6
⌀6
M6
技术要求
1.未注倒角C0.5。
2.表面镀锌。
Ra6.3 (√)
45
(单位名称)
绞杠
HKQ-011
(投影符号)
标记 处数 分区 更改文件号 签名 年月日
设计
审核
工艺
批准
阶段标记 重量 比例
13 1:1
共 张 第 张

图 6-64 绞杠

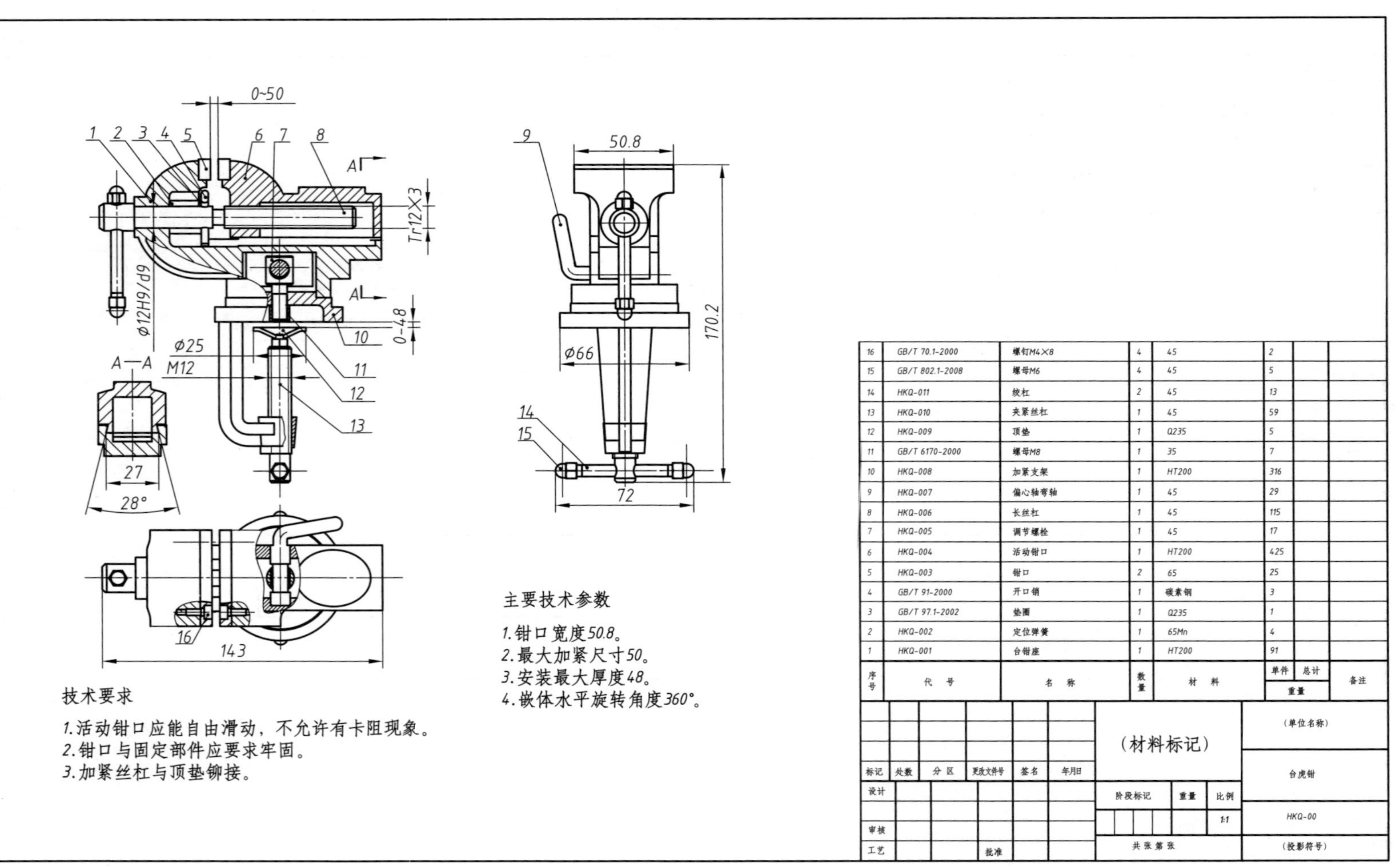
0~50
1 2 3 4 5 6 7 8
A
Tr12×3
φ12H9/d9
0-48
10
φ25
M12
11
12
13
A—A
27
28°
16
143
9
50.8
170.2
φ66
14
15
72
技术要求
1.活动钳口应能自由滑动，不允许有卡阻现象。
2.钳口与固定部件应要求牢固。
3.加紧丝杠与顶垫铆接。
主要技术参数
1.钳口宽度50.8。
2.最大加紧尺寸50。
3.安装最大厚度48。
4.嵌体水平旋转角度360°。
序号	代号	名称	数量	材料	单件重量	总计重量	备注
16	GB/T 70.1-2000	螺钉M4×8	4	45	2		
15	GB/T 802.1-2008	螺母M6	4	45	5		
14	HKQ-011	绞杠	2	45	13		
13	HKQ-010	夹紧丝杠	1	45	59		
12	HKQ-009	顶垫	1	Q235	5		
11	GB/T 6170-2000	螺母M8	1	35	7		
10	HKQ-008	加紧支架	1	HT200	316		
9	HKQ-007	偏心轴弯轴	1	45	29		
8	HKQ-006	长丝杠	1	45	115		
7	HKQ-005	调节螺栓	1	45	17		
6	HKQ-004	活动钳口	1	HT200	425		
5	HKQ-003	钳口	2	65	25		
4	GB/T 91-2000	开口销	1	碳素钢	3		
3	GB/T 97.1-2002	垫圈	1	Q235	1		
2	HKQ-002	定位弹簧	1	65Mn	4		
1	HKQ-001	台钳座	1	HT200	91		
标记 处数 分区 更改文件号 签名 年月日
设计
审核
工艺
批准
（材料标记）
阶段标记 重量 比例
1:1
共 张 第 张
（单位名称）
台虎钳
HKQ-00
（投影符号）

图 6-65 台虎钳

第七节　轴向柱塞泵测绘图解

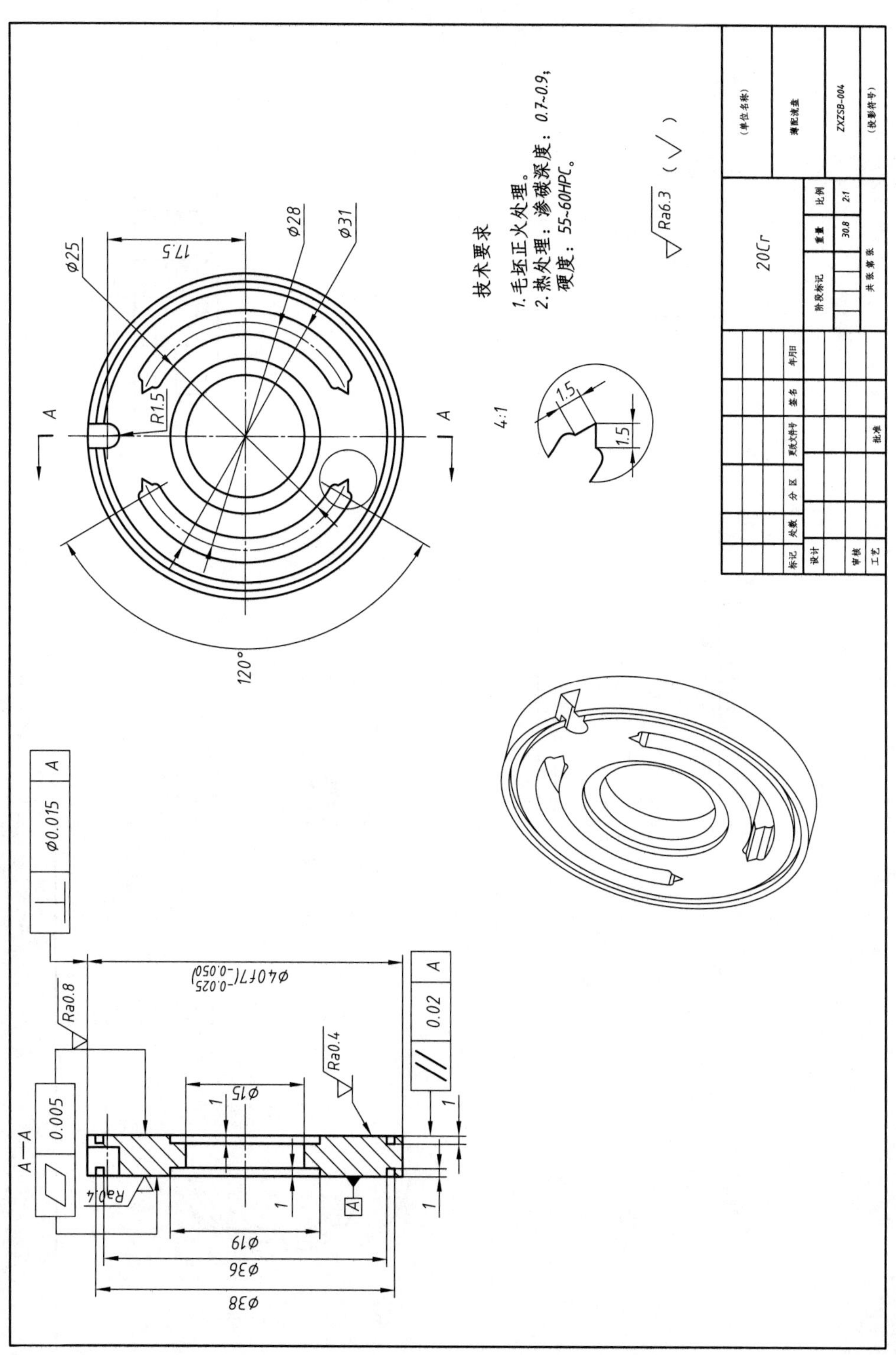

图 6-66　薄配流盘

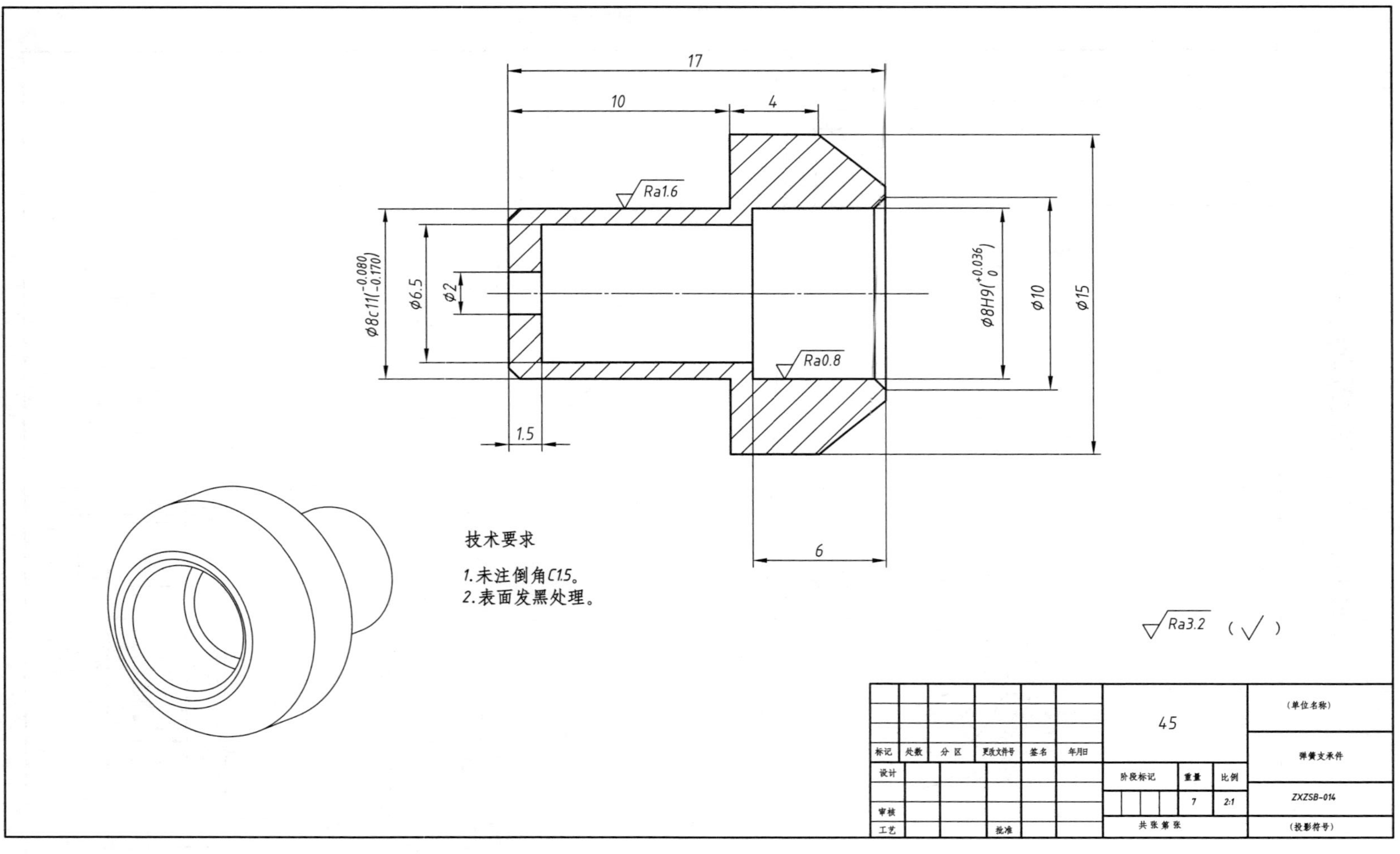
17
10
4
Ra1.6
Ra0.8
Φ8c11(-0.080 -0.170)
Φ6.5
Φ2
Φ8H9(+0.036 0)
Φ10
Φ15
1.5
6
技术要求
1.未注倒角C1.5。
2.表面发黑处理。
Ra3.2 （√）
标记 处数 分区 更改文件号 签名 年月日
设计
审核
工艺
批准
45
阶段标记 重量 比例
7 2:1
共 张 第 张
（单位名称）
弹簧支承件
ZXZSB-014
（投影符号）

图6-67 弹簧支承件

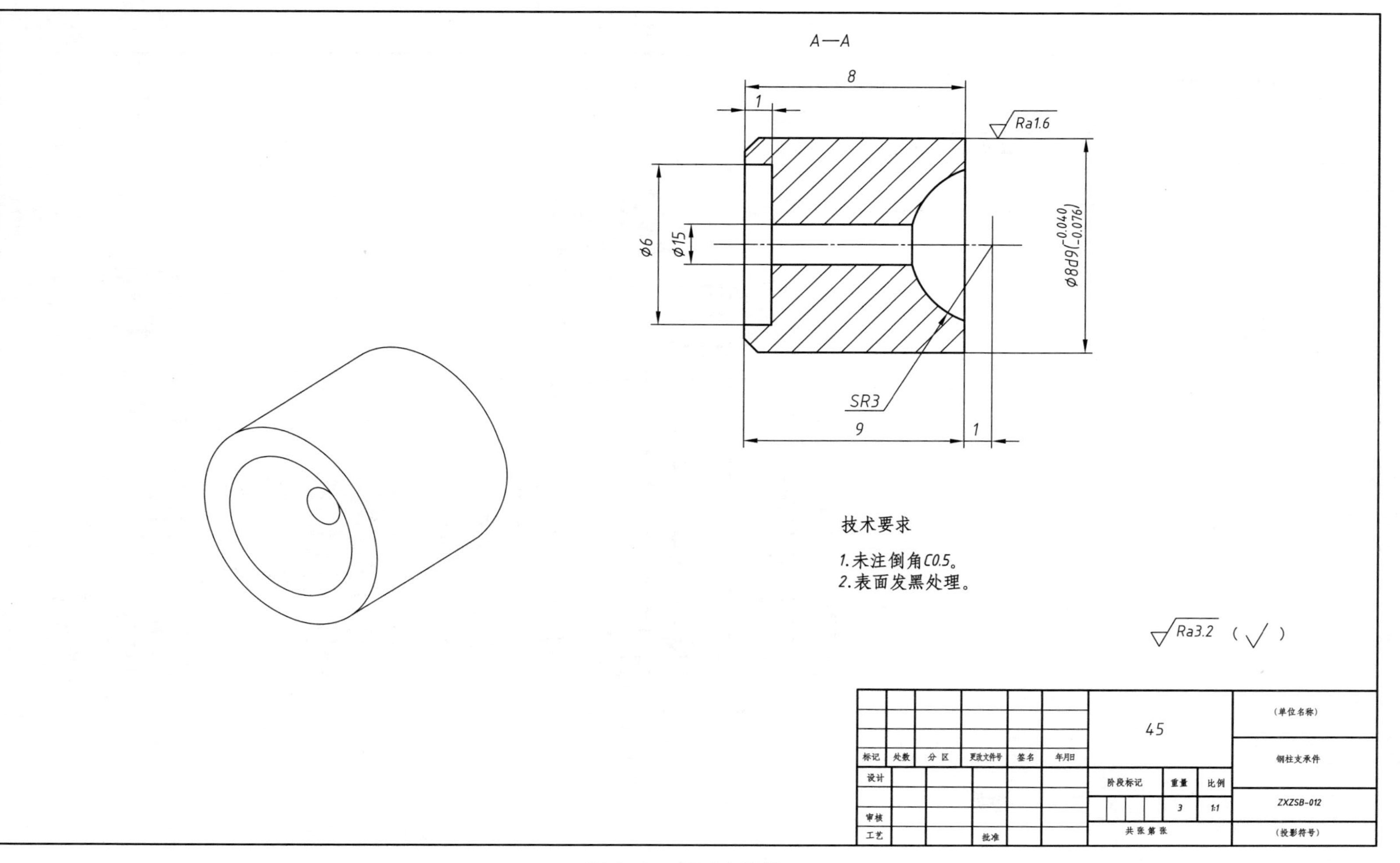
A—A
8
1
Ra1.6
φ6
φ15
SR3
9
1
技术要求
1.未注倒角C0.5。
2.表面发黑处理。
Ra3.2 （√）
45
（单位名称）
钢柱支承件
ZXZSB-012
（投影符号）
标记 处数 分区 更改文件号 签名 年月日
设计
审核
工艺
批准
阶段标记 重量 比例
3 1:1
共 张 第 张

图 6-68　钢球支承件

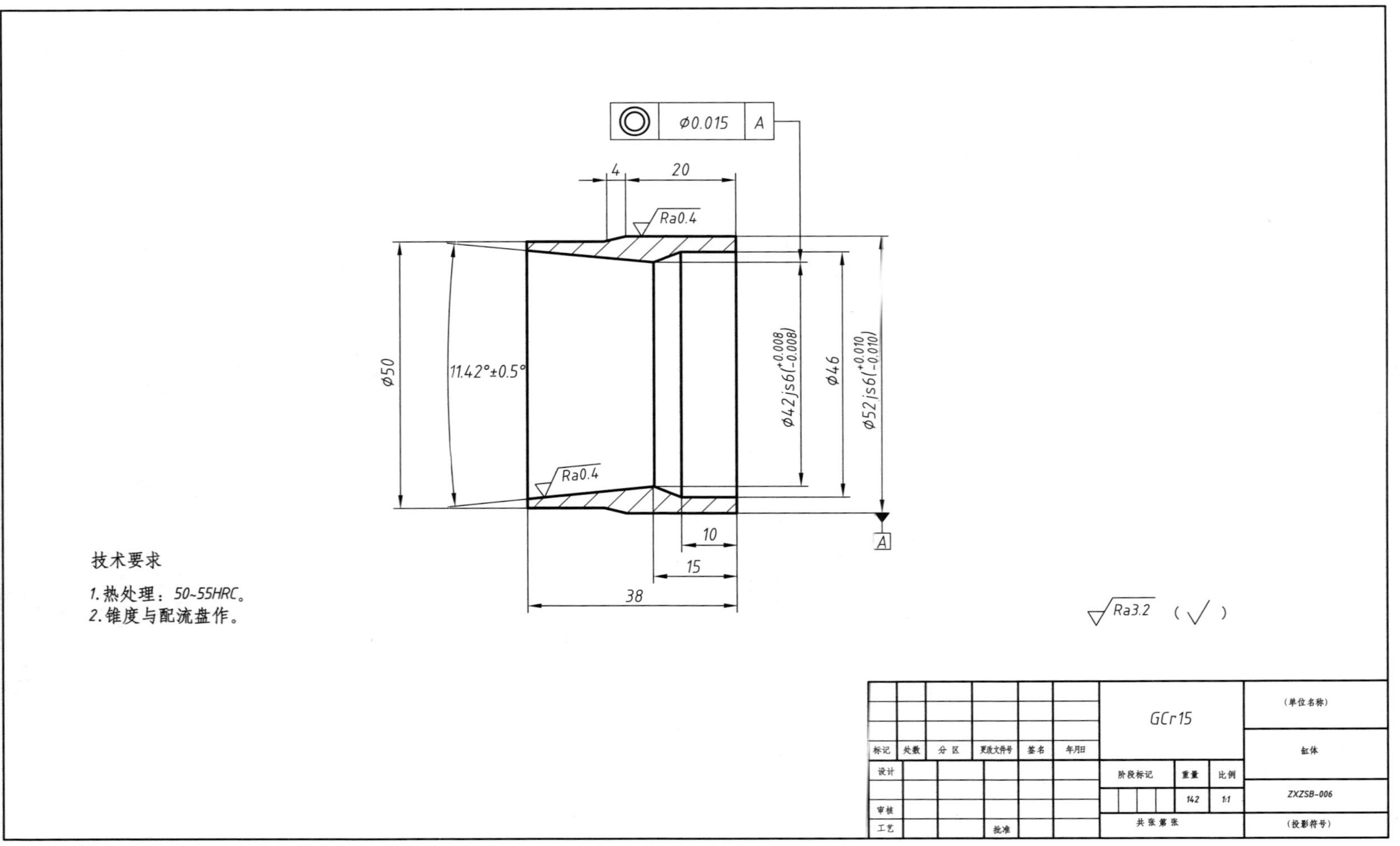
Φ0.015
A
4
20
Ra0.4
Φ50
11.42°±0.5°
Φ42js6(+0.008 -0.008)
Φ46
Φ52js6(+0.010 -0.010)
Ra0.4
10
15
38
A
技术要求
1.热处理：50~55HRC。
2.锥度与配流盘作。
Ra3.2 （√）
GCr15
(单位名称)
缸体
ZXZSB-006
(投影符号)
标记
处数
分区
更改文件号
签名
年月日
设计
审核
工艺
批准
阶段标记
重量
比例
142
1:1
共 张 第 张

图 6-69 缸体

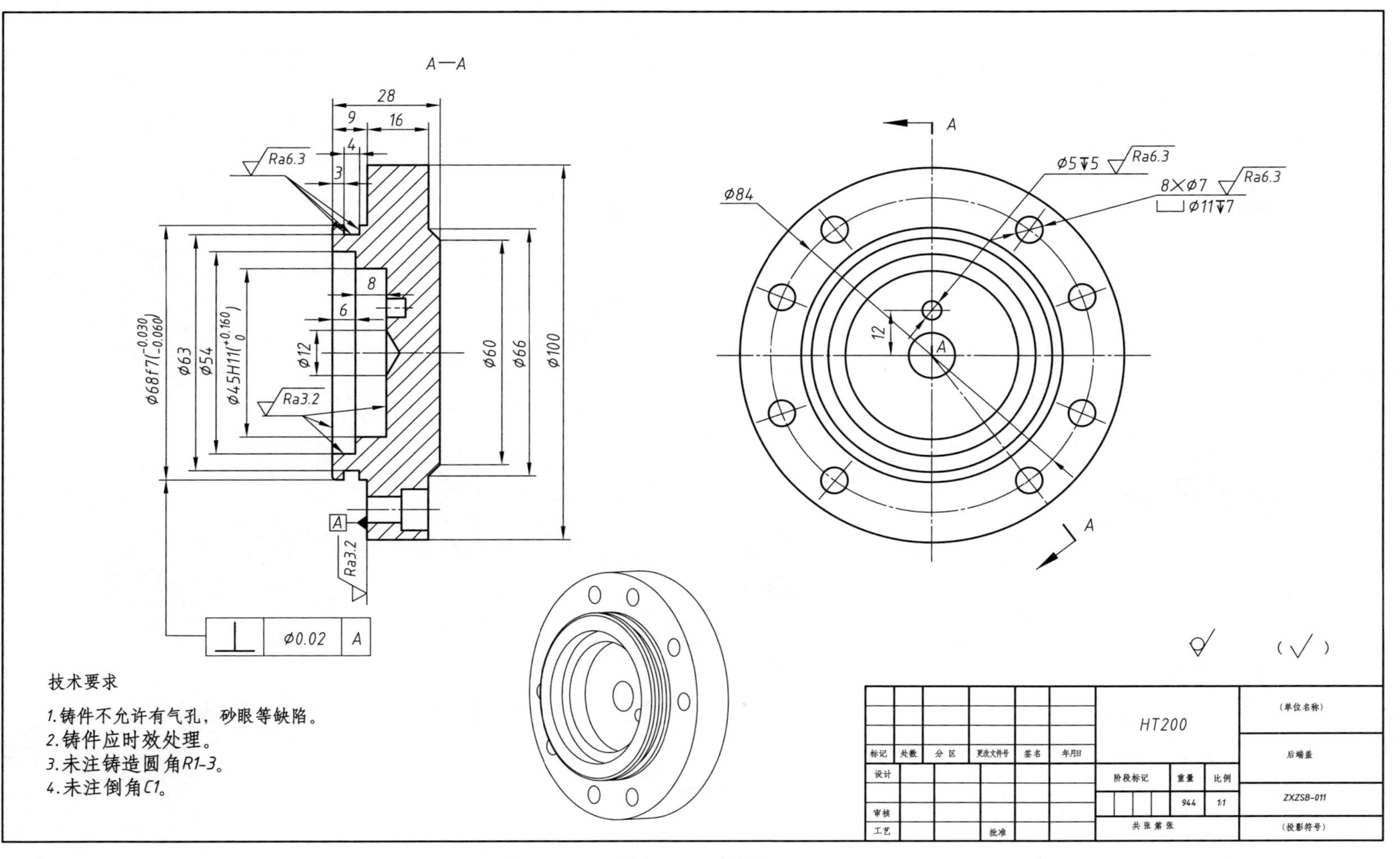
A—A
技术要求
1.铸件不允许有气孔，砂眼等缺陷。
2.铸件应时效处理。
3.未注铸造圆角R1~3。
4.未注倒角C1。
HT200
后端盖
ZXZSB-011

图 6-70　后端盖

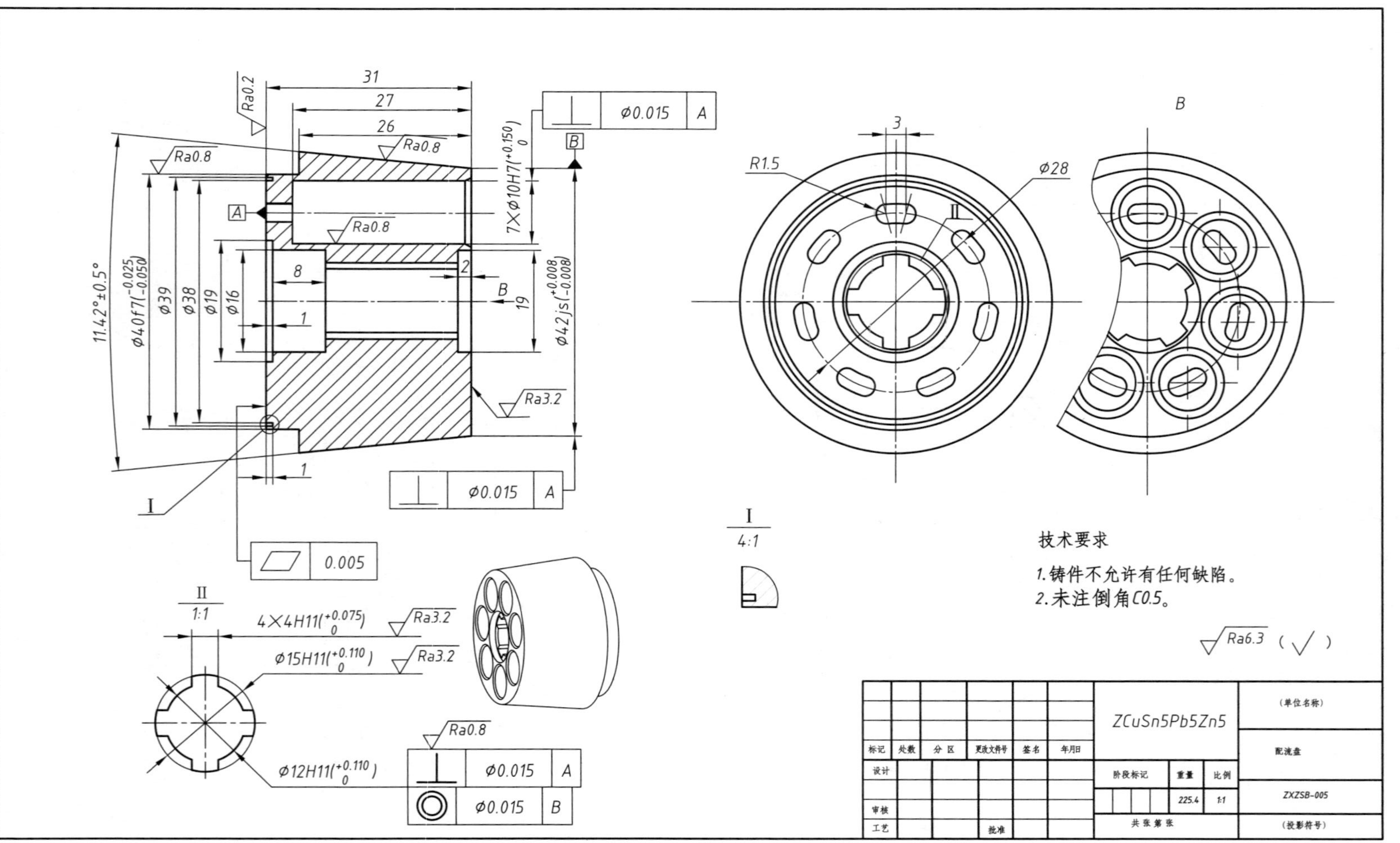
技术要求
1.铸件不允许有任何缺陷。
2.未注倒角C0.5。
Ra6.3 (√)
ZCuSn5Pb5Zn5
(单位名称)
配流盘
ZXZSB-005
(投影符号)
标记 处数 分区 更改文件号 签名 年月日
设计
审核
工艺
批准
阶段标记 重量 比例
225.4 1:1
共 张 第 张
7×φ10H7(+0.150 0)
φ42js(+0.008 -0.008)
φ40f7(-0.025 -0.050)
11.42°±0.5°
4×4H11(+0.075 0)
φ15H11(+0.110 0)
φ12H11(+0.110 0)
φ0.015 A
φ0.015 B
0.005
φ28
R1.5
I 4:1
II 1:1

图 6-71 配流盘

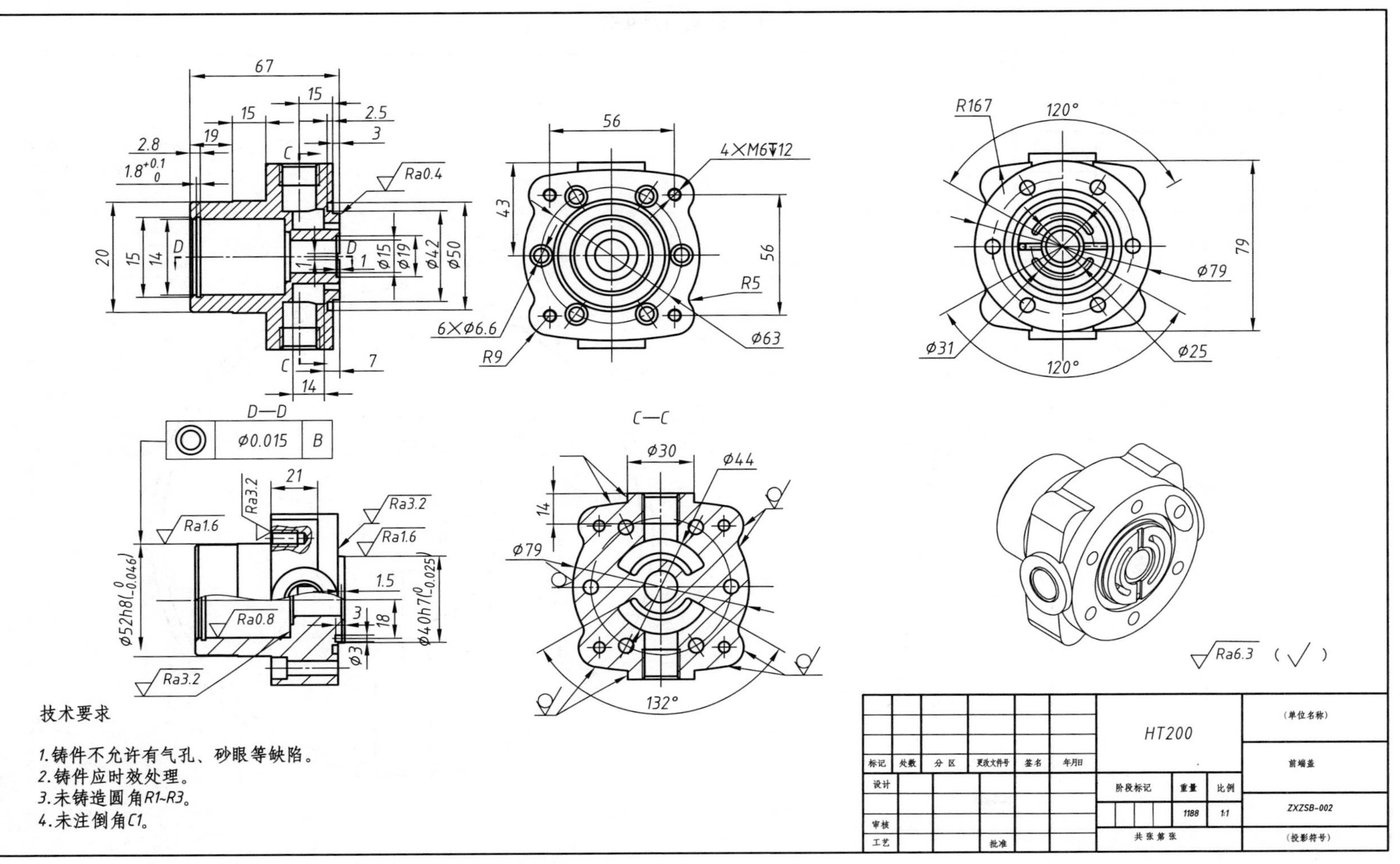
D—D
Φ0.015 B
C—C
Ra6.3 (√)
技术要求
1.铸件不允许有气孔、砂眼等缺陷。
2.铸件应时效处理。
3.未铸造圆角R1~R3。
4.未注倒角C1。
HT200
(单位名称)
前端盖
ZXZSB-002
(投影符号)
1188
1:1

图 6-72 前端盖

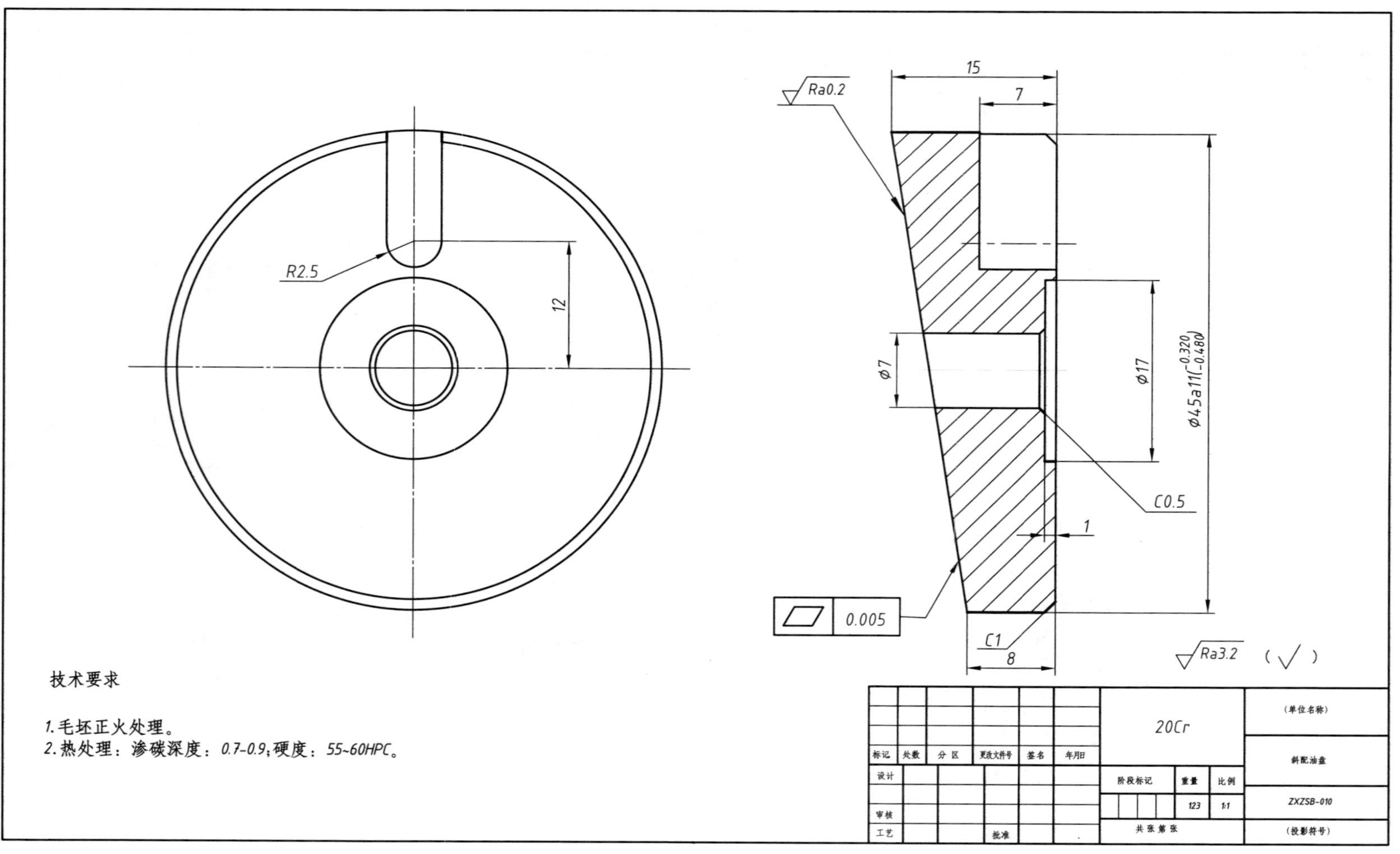
Ra0.2
15
7
R2.5
12
ϕ7
ϕ17
ϕ45a11(-0.320 -0.480)
C0.5
1
0.005
C1
8
Ra3.2 (√)
技术要求
1.毛坯正火处理。
2.热处理：渗碳深度：0.7-0.9；硬度：55~60HPC。
20Cr
(单位名称)
斜配油盘
ZXZSB-010
(投影符号)
标记
处数
分区
更改文件号
签名
年月日
设计
审核
工艺
批准
阶段标记
重量
比例
123
1:1
共 张 第 张

图 6-73　斜配油盘

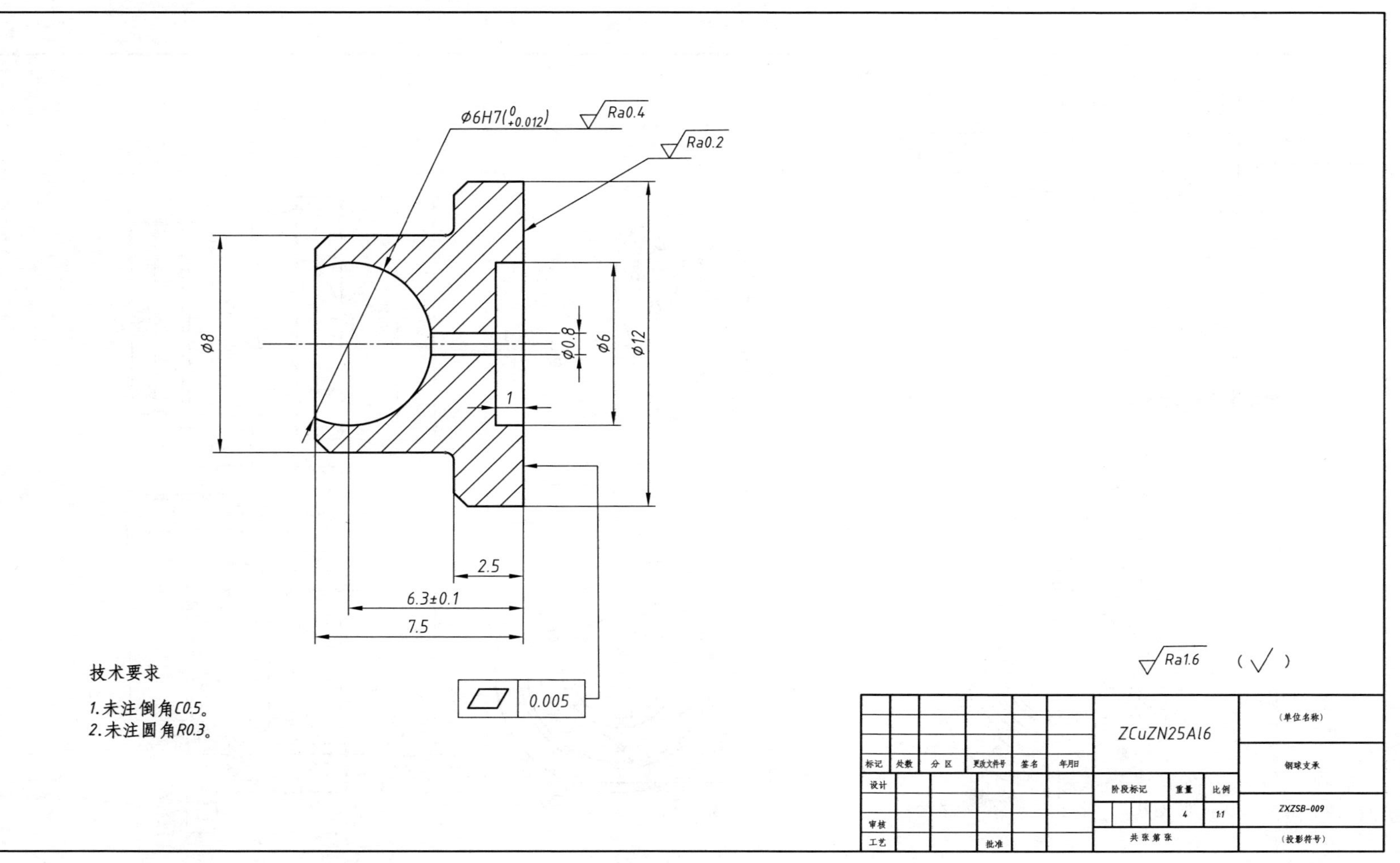

Φ6H7($^{0}_{+0.012}$)
Ra0.4
Ra0.2
Φ8
Φ0.8
Φ6
Φ12
1
2.5
6.3±0.1
7.5
技术要求
1.未注倒角C0.5。
2.未注圆角R0.3。
0.005
Ra1.6
(√)
ZCuZN25Al6
(单位名称)
钢球支承
ZXZSB-009
(投影符号)
标记
处数
分 区
更改文件号
签名
年月日
设计
审核
工艺
批准
阶段标记
重量
比例
4
1:1
共 张 第 张

图 6-74 钢球支承

技术要求
1.铸件不允许有气泡、砂眼等缺陷。
2.铸件应时效处理。
3.未注铸造圆角R1~R3。
4.未注倒角C1。
Ra6.3 （√）
HT200
中间泵体
ZXZSB-003
1:1
A—A
B
6×M6▼12
2×M10
Ra0.8
Ra3.2
⌀68JS7(+0.015/−0.015)
⌀60
⌀40H7(+0.025/0)
⌀53
⌀100
⌀90
⌀80
⌀79
⌀84
⌀63
(50.7)
R11
R5
0.02 A
⌀0.015 B
⌀0.015 A

图 6-75 中间泵体

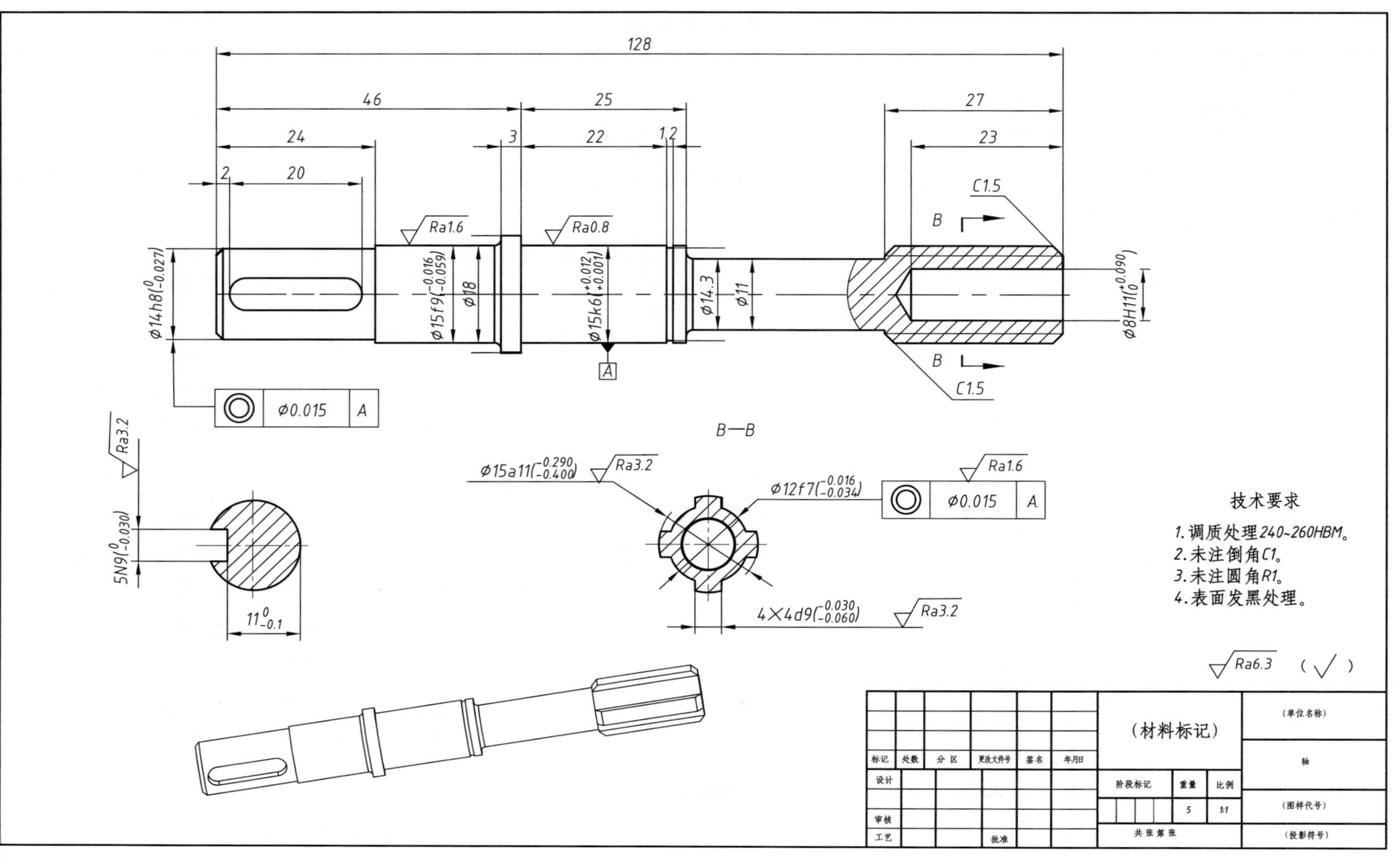

图6-76　轴

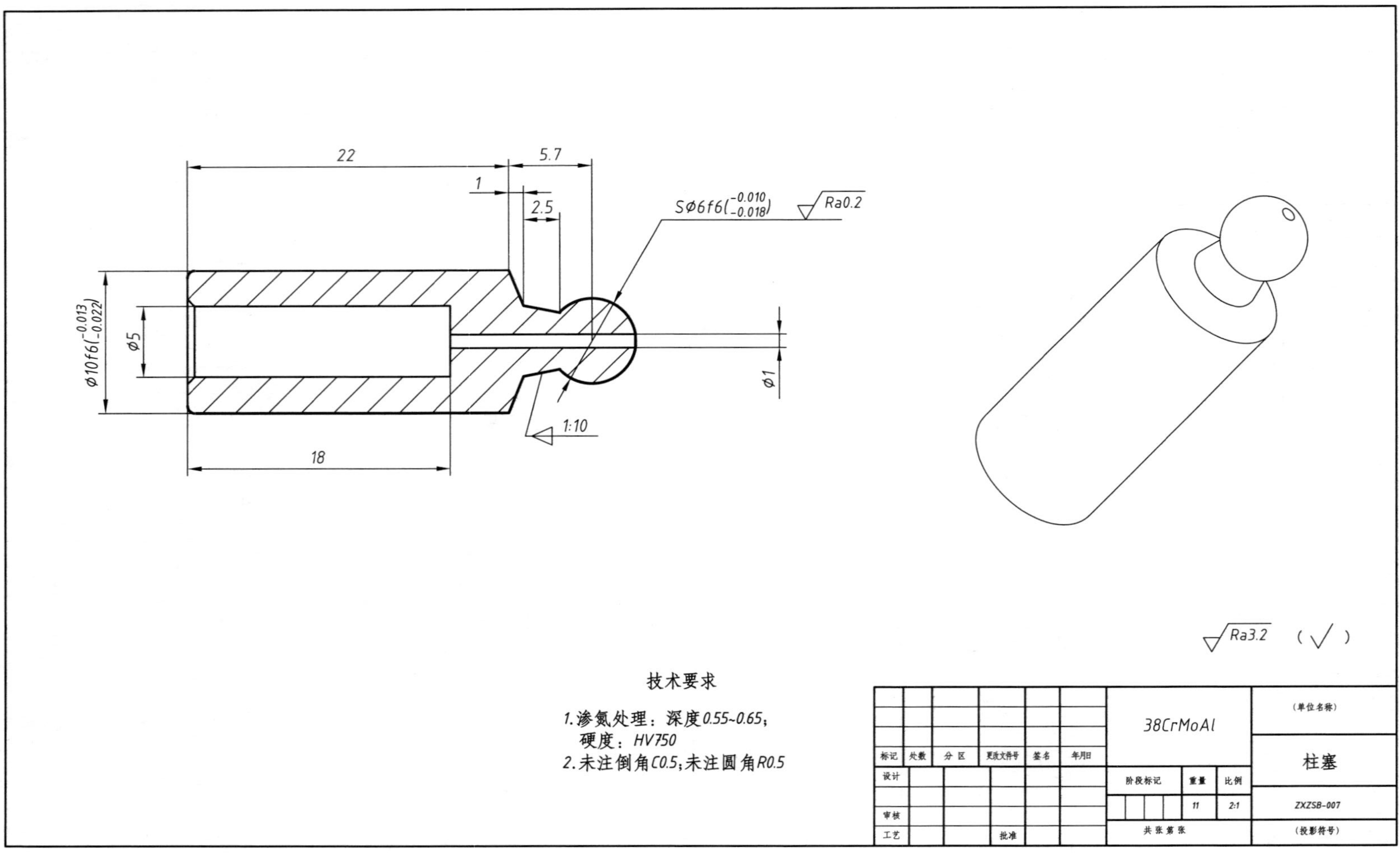
22
5.7
1
2.5
SΦ6f6(-0.010 -0.018)
Ra0.2
Φ10f6(-0.013 -0.022)
Φ5
Φ1
1:10
18
Ra3.2 (√)
技术要求
1.渗氮处理：深度0.55~0.65；
硬度：HV750
2.未注倒角C0.5;未注圆角R0.5
38CrMoAl
(单位名称)
柱塞
ZXZSB-007
(投影符号)
标记 处数 分区 更改文件号 签名 年月日
设计
审核
工艺
批准
阶段标记 重量 比例
11 2:1
共 张 第 张

图 6-77 柱塞

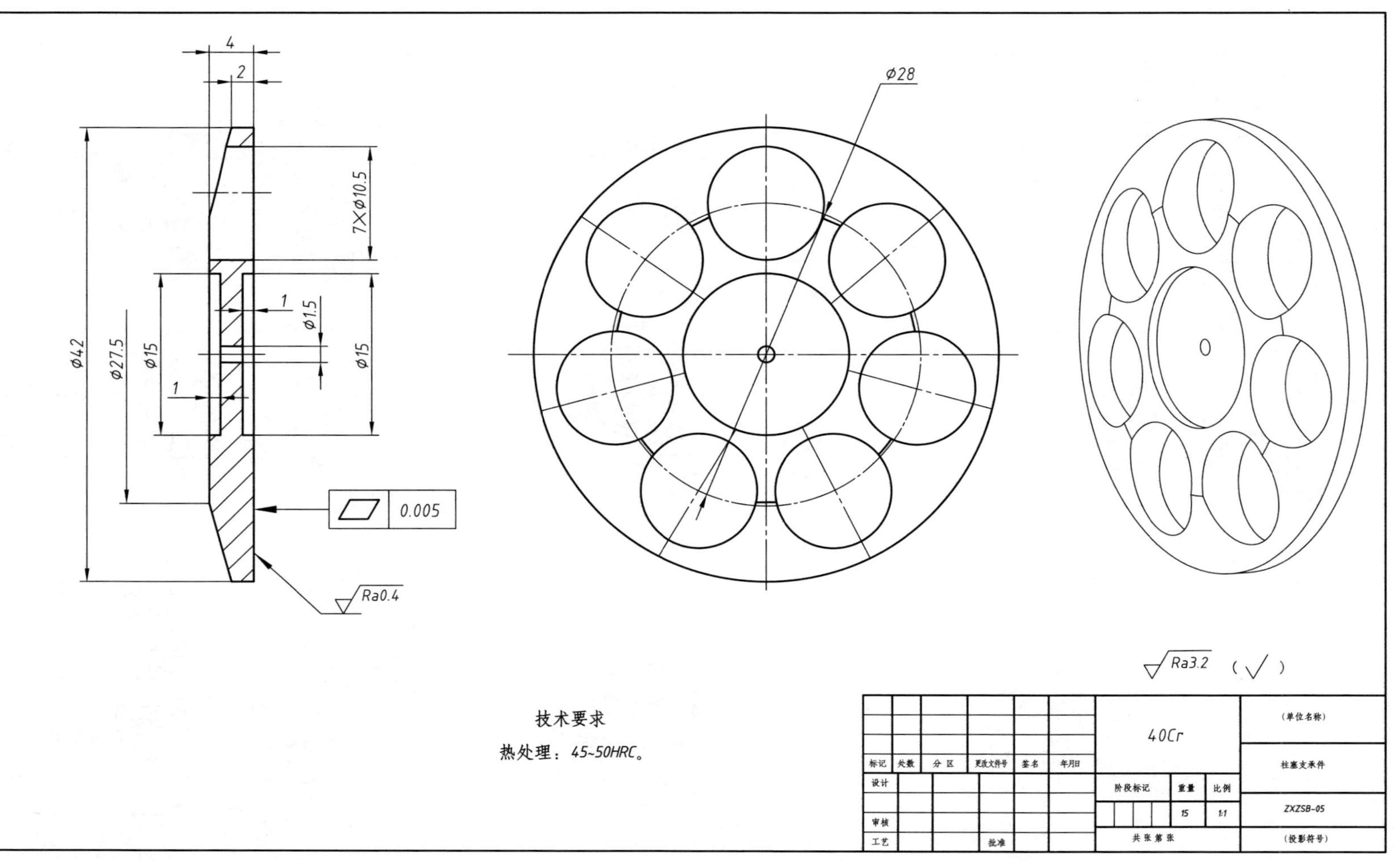

4
2
7XØ10.5
Ø28
Ø42
Ø27.5
Ø15
1
Ø1.5
Ø15
1
0.005
Ra0.4
Ra3.2 (√)
技术要求
热处理：45~50HRC。
40Cr
(单位名称)
柱塞支承件
ZXZSB-05
(投影符号)
标记 处数 分区 更改文件号 签名 年月日
设计
审核
工艺
批准
阶段标记 重量 比例
15 1:1
共 张 第 张

图 6-78　柱塞支承件

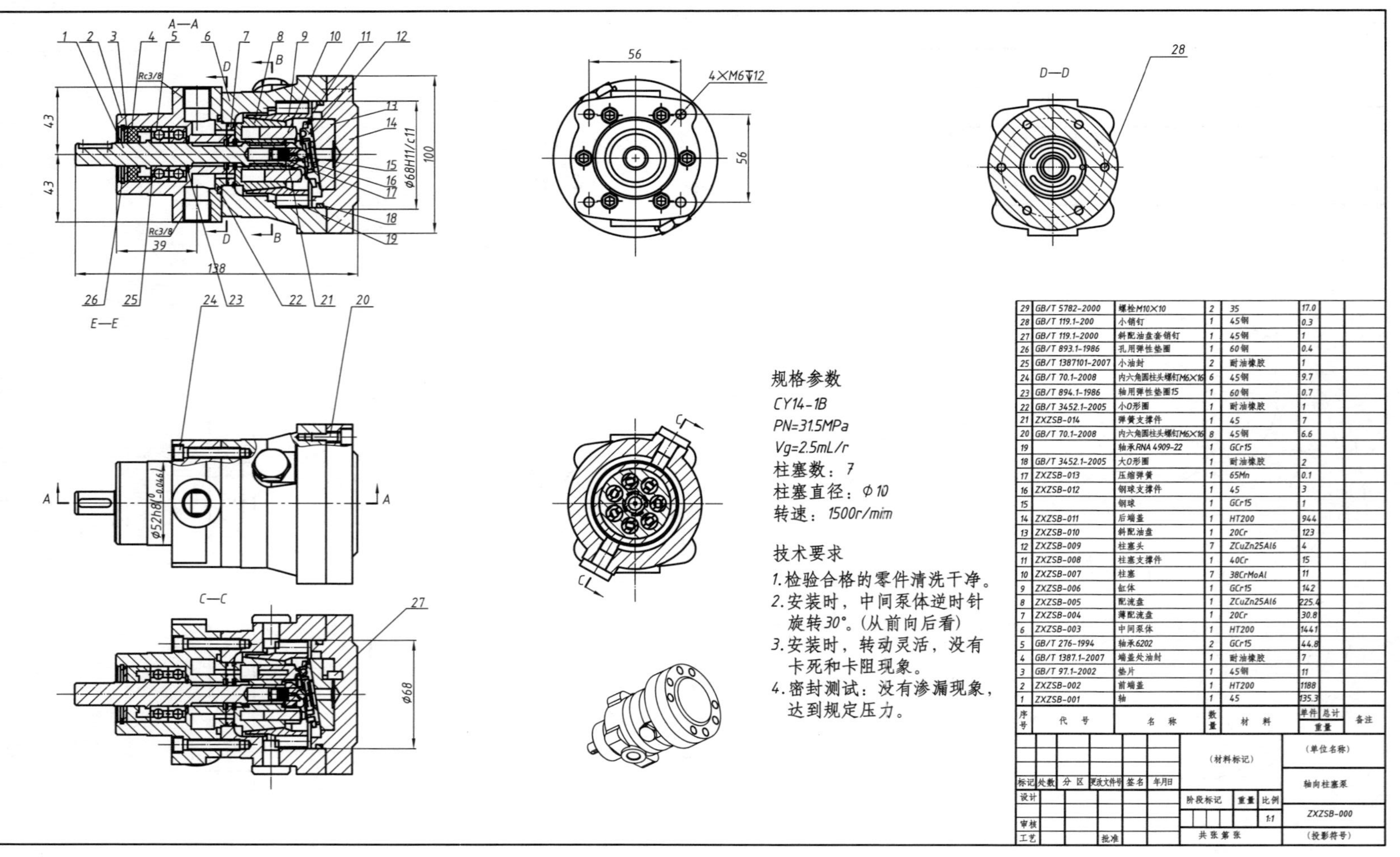

序号	代号	名称	数量	材料	单件重量	总计重量	备注
29	GB/T 5782-2000	螺栓M10×10	2	35	17.0		
28	GB/T 119.1-200	小销钉	1	45钢	0.3		
27	GB/T 119.1-2000	斜配油盘套销钉	1	45钢	1		
26	GB/T 893.1-1986	孔用弹性垫圈	1	60钢	0.4		
25	GB/T 1387101-2007	小油封	2	耐油橡胶	1		
24	GB/T 70.1-2008	内六角圆柱头螺钉M6×16	6	45钢	9.7		
23	GB/T 894.1-1986	轴用弹性垫圈15	1	60钢	0.7		
22	GB/T 3452.1-2005	小O形圈	1	耐油橡胶	1		
21	ZXZSB-014	弹簧支撑件	1	45	7		
20	GB/T 70.1-2008	内六角圆柱头螺钉M6×16	8	45钢	6.6		
19		轴承RNA 4909-22	1	GCr15			
18	GB/T 3452.1-2005	大O形圈	1	耐油橡胶	2		
17	ZXZSB-013	压缩弹簧	1	65Mn	0.1		
16	ZXZSB-012	钢球支撑件	1	45	3		
15		钢球	1	GCr15	1		
14	ZXZSB-011	后端盖	1	HT200	944		
13	ZXZSB-010	斜配油盘	1	20Cr	123		
12	ZXZSB-009	柱塞头	7	ZCuZn25Al6	4		
11	ZXZSB-008	柱塞支撑件	1	40Cr	15		
10	ZXZSB-007	柱塞	7	38CrMoAl	11		
9	ZXZSB-006	缸体	1	GCr15	142		
8	ZXZSB-005	配流盘	1	ZCuZn25Al6	225.4		
7	ZXZSB-004	薄配流盘	1	20Cr	30.8		
6	ZXZSB-003	中间泵体	1	HT200	1441		
5	GB/T 276-1994	轴承6202	2	GCr15	44.8		
4	GB/T 1387.1-2007	端盖处油封	1	耐油橡胶	7		
3	GB/T 97.1-2002	垫片	1	45钢	11		
2	ZXZSB-002	前端盖	1	HT200	1188		
1	ZXZSB-001	轴	1	45	135.3		

图 6-79 轴向柱塞泵装配体

参　考　文　献

[1]高红,马洪勃.工程制图[M].北京:中国电力出版社,2007.

[2]马慧,孙曙光.机械制图[M].4版.北京:机械工业出版社,2013.

[3]李月琴,何培英,殷红杰.机械零部件测绘[M].北京:中国电力出版社,2007.

[4]孙振东,高红.电气电子工程制图与CAD[M].2版.北京:中国电力出版社,2015.

[5]吕波.工程制图[M].北京:北京邮电大学出版社,2013.

[6]刘魁敏.机械制图[M].北京:机械工业出版社,2011.

[7]程军,李虹.画法几何及机械制图[M].北京:国防工业出版社,2005.

[8]韦燕菊.机械识图[M].北京:机械工业出版社,2012.

[9]钱志芳.机械制图[M].南京:江苏教育出版社,2014.

[10]吕波.工程制图习题集[M].北京:北京邮电大学出版社,2013.